高职高专计算机任务驱动模式教材

MySQL数据库原理与应用实训手册

郭　华　杨眷玉　黎　洋　主编
陈　阳　谭　俊　刘彩灵　副主编

清华大学出版社
北京

内 容 简 介

本书从初学者角度出发，通过由浅入深的方式，练习MySQL数据库应用的相关知识。书中提供了大量难易程度不同的习题，可以帮助读者更好地理解知识点。

本书共有20个实验，分别对应《MySQL数据库原理与应用（微课版）》这本主教材的每一章的知识点，具体内容包括操作数据库，操作表及设置约束，修改数据表，更新数据，数据查询——单表查询，查询排序，查询统计与汇总，数据查询——多表连接查询，数据查询——子查询，查询综合练习，函数，运算符，存储过程和触发器，索引，视图，用Java访问MySQL数据库，绘制E-R图。大部分实验都有对应要练习的题目。

本书适合MySQL初学者进行练习，对大、中专院校的学生更是一本理想的习题训练手册。

图书在版编目（CIP）数据

MySQL数据库原理与应用实训手册/郭华，杨眷玉，黎洋主编．—北京：清华大学出版社，2021.3

高职高专计算机任务驱动模式教材

ISBN 978-7-302-57364-7

Ⅰ.①M… Ⅱ.①郭… ②杨… ③黎… Ⅲ.①关系数据库系统-高等职业教育-教材 ②SQL语言-程序设计-高等职业教育-教材 Ⅳ.①TP311.132.3 ②TP311.138

中国版本图书馆CIP数据核字（2021）第017929号

责任编辑： 张龙卿
封面设计： 徐日强
责任校对： 刘 静
责任印制： 宋 林

出版发行： 清华大学出版社
网　　址： http://www.tup.com.cn，http://www.wqbook.com
地　　址： 北京清华大学学研大厦A座　　**邮　　编：** 100084
社 总 机： 010-62770175　　**邮　　购：** 010-62786544
投稿与读者服务： 010-62776969，c-service@tup.tsinghua.edu.cn
质量反馈： 010-62772015，zhiliang@tup.tsinghua.edu.cn
印 装 者： 三河市少明印务有限公司
经　　销： 全国新华书店
开　　本： 185mm×260mm　　**印　张：** 7.75　　**字　　数：** 175千字
版　　次： 2021年5月第1版　　**印　　次：** 2021年5月第1次印刷
定　　价： 29.00元

产品编号：091000-01

前　　言

MySQL已经成为世界上最受欢迎的数据库管理系统之一。无论是用在小型开发项目上，还是用在构建那些功能复杂的网站上，MySQL都证明了自己是一个稳定、可靠、快速、可信的系统，足以胜任几乎所有数据存储业务的需要。

本书为《MySQL数据库原理与应用（微课版）》一书的配套教材。为了使教师能够系统地讲授对应课程，使读者能够熟练地用MySQL数据库进行数据处理，编者在多年教学实践的基础上，经过研究、总结教学中的经典案例，编写了本书。本书共分20个实验项目，对应主教材的主要章节和知识点，供读者进行课后练习，加深理解记忆，以便更好地巩固学习成果。本书以简单易懂的实际项目为主线进行内容的讲解和技能的训练，可以满足不同层次读者的需求。

本书由郭华、杨眷玉、黎洋担任主编，陈阳、谭俊、刘彩灵担任副主编，刘会玲、吴鑫也参加了部分内容的编写。本书在编写过程中得到了同行的大力支持和帮助，在此一并表示感谢。

由于编者水平有限，书中如有疏漏和不妥之处，恳请各位教师和读者批评、指正。

编者

2020年10月

目　　录

实验1 操作数据库

知识点回顾

创建数据库是指在数据库系统中划分出一块空间，用来存储相应的数据。在MySQL中，创建数据库须通过SQL语句create database实现。语法格式如下：

```
create database 数据库名;
```

命令操作

完成如下操作。

（1）查看数据库系统中已经存在的数据库。

（2）创建st数据库和ht数据库。

（3）再次查看数据库系统中已经存在的数据库。

（4）删除ht数据库。

（5）再次查看数据库系统中已经存在的数据库，确保ht数据库已经删除。

实验2　操作表及设置约束

知识点回顾

表是数据库中用来存储数据的最基本的单位，一个数据表称为一个关系。一个表包含若干条记录。创建数据表的基本语法格式如下：

```
create table tb_name
(
    column_name1 datatype [列级别约束条件],
    column_name2 datatype [列级别约束条件],
    ...[表级别约束条件]
);
```

其中，tb_name是创建的数据表名；column_name1等是表中的列名；datatype是表中列的数据类型。

命令操作

完成如下操作。

(1) 创建学生信息表student。其中，设置st_id字段为主键，设置st_id和st_nm字段为非空约束。各个字段的长度如表2-1所示。

表2-1　学生信息表student

属性列	数据类型	长度	空值	列约束	说明
st_id	varchar	10	not null	PK	学生学号
st_nm	varchar	10	not null		学生姓名
st_sex	char	2	null		学生性别
st_birth	date		null		出生日期
st_score	int		null		入学成绩
st_date	date		null		入学日期
st_from	varchar	50	null		学生来源
st_dpid	char	6	null		所在系编号
st_mnt	varchar	20	null		学生职务

（2）创建课程信息表course。其中，设置cs_id字段为主键，设置cs_id和cs_nm 字段为非空约束。各个字段的长度如表2-2所示。

表2-2　课程信息表course

属性列	数据类型	长度	空值	列约束	说明
cs_id	varchar	10	not null	PK	课程编号
cs_nm	varchar	10	not null		课程名称
cs_tm	int		null		课程学时
cs_sc	int		null		课程学分

（3）创建选课信息表slt_course。其中，设置cs_id和st_id为外键，设置cs_id和st_id字段为非空约束。各个字段的长度如表2-3所示。

表2-3　选课信息表slt_course

属性列	数据类型	长度	空值	列约束	说明
cs_id	char	4	not null	FK	课程编号
st_id	char	9	not null	FK	学生学号
score	int		null		课程成绩
sltdate	date		null		选课日期

（4）创建院系信息表dept。设置dp_id和dp_nm字段为非空约束，各个字段的长度如表2-4所示。

表2-4　院系信息表dept

属性列	数据类型	长度	空值	列约束	说明
dp_id	char	2	not null		院系编号
dp_nm	varchar	20	not null		院系名称
dp_drt	char	10	null		院系主任
dp_tel	char	12	null		联系电话

（5）将dept表中dp_id列设置为主键。

（6）将dept表中dp_nm列设置为唯一性约束。

（7）将student表中st_sex字段的默认值设置为“男”。

（8）将student表中的st_sex字段的属性改为not null。

（9）向slt_course表中添加一个字段id，设置id字段的属性值自动增加。第一行的默认值为1，相邻两个标识之间的增量为1。

实验3　修改数据表

知识点回顾

修改数据表是指修改数据库中已经定义好的表结构。MySQL中使用alter table语句修改数据表。基本语法如下：

```
alter table tb_name
rename [as] new_tb_name                                         //修改表名
add [column] create_definition [first|after col_name]           //添加新字段
add index [index_name] (index_col_name,…)                       //添加索引名称
add primary key (index_col_name,…)                              //添加主键名称
add unique [index_name] (index_col_name,…)                      //添加唯一索引
alter [column] col_name {set default literal|drop default} //修改默认值
change [column] old_col_name create_definition                  //修改字段名和类型
modify [column] create_definition                               //修改字段类型
drop [column] col_name                                          //删除字段名称
drop primary key                                                //删除主键名称
drop index index_name                                           //删除索引名称
table_options
```

命令操作

完成如下操作。

（1）查看dept表的表结构。

（2）为dept表添加dp_count字段，数据类型为varchar，长度为3，允许为空。

（3）修改dept表的dp_count字段数据类型为int。

（4）将dp_count字段的位置调整到dp_id字段的后面。

（5）将dp_count字段的字段名改为dp_cnt。

（6）删除dept表的dp_cnt字段。

（7）再次查看dept表的表结构。

（8）将dept表改名为department。

（9）将slt_course表的字段id删除。

实验4 更新数据

知识点回顾

在数据库表建立起来之后，数据库中其实只存在数据表的表结构，而没有任何的数据存在，我们需要往数据表中插入大量的数据记录。在MySQL中，可以通过insert语句来插入数据。第一种是不指定具体的字段名；第二种是给出要插入记录的字段名。具体语法格式如下：

```
insert into 表名 values(值1,值2,…,值n);
```

在MySQL中，可以列出所有或者部分的字段名来为表插入记录。其基本语法形式如下：

```
insert into 表名(属性1,属性2,…,属性n)
values(值1,值2,…,值n);
```

在MySQL中，可以用一个insert语句同时插入多条记录，其基本语法形式如下：

```
insert into 表名[(属性列表)]
values(取值列表1),(取值列表2)
…,
(取值列表n);
```

当数据库表中的数据发生改变时，需要对数据进行修改。在MySQL中，使用update语句来更新数据的基本语法如下：

```
update 表名
set 属性名1=值1,
属性名2=值2,
…,
属性名n=值n
where 条件表达式;
```

命令操作

完成如下操作。

（1）向student表中插入记录。

```
1901001,张晓明,男,2000/2/5,450,2019/9/1,四川成都,11,班长
```

```
1902105,马丽,女,1999/5/16,420,2019/9/1,四川巴中,13,无
1803006,陈兵,男,1999/8/3,412,2018/9/1,四川宜宾,12,学习委员
1702103,李云霞,女,2020/10/8,390,2019/9/1,陕西渭南,13,无
1901003,张飞,男,2020/3/9,432,2019/9/1,四川达州,11,无
1704007,赵勇,男,2020/6/1,425,2019/9/1,四川阿坝州,15,无
1905006,张明敏,女,2020/5/26,395,2019/9/1,四川达州,16,无
1904108,王伶俐,女,2020/5/9,411,2019/9/1,四川巴中,15,无
```

（2）向course表中插入记录。

```
101,Java 程序设计,56,2
102,MySQL 数据库,64,3
103,数据结构,72,2
104,计算机网络基础,48,2
105,计算机基础,48,2
```

（3）向slt_course表中插入记录。

```
101,1901001,86,2020/9/9
102,1902105,78,2020/9/8
101,1905006,82,2020/9/9
103,1803006,85,2020/9/8
101,1704007,76,2020/9/9
104,1901001,75,2020/9/9
101,1902105,83,2020/9/8
102,1704007,,2020/9/8
```

（4）向dept表中插入记录。

```
11,计科系,李琦宇,81234567
12,电子系,王峰,87654321
13,管理系,柳思,85623147
11,计科系,李琦宇,81234567
11,计科系,李琦宇,81234567
```

（5）修改student表的记录，将马丽的入学成绩改为422。

（6）将course表中所有课程的学时改为64，学分改为4。

（7）将slt_course表中学号为1901001的学生的101号课程的成绩改为 87。

（8）修改管理系主任的联系电话为86677223。

（9）删除“张飞”的相关记录。

实验5　数据查询——单表查询

知识点回顾

查询是针对表中存储的数据进行“筛选”，把符合条件的行和列组织起来，形成一个类似表的结构，也就是查询的结果。

MySQL中查询使用select语句，语法格式如下：

```
select [all | distinct] 属性列表
from 表名或视图列表
[where 条件表达式]
[group by 属性名] [having 条件表达式]
[order by 属性名] [asc | desc]
[limit [<offset>,]<row count>]
```

其中，select...from...是一个查询语句必须包含的部分。[]为可选项。

（1）select：用于显示查询返回的列。

（2）from：用于指定引用的列所在的表或视图。

（3）where：用于指定限制返回的行的搜索条件。

（4）group by：用于对查询数据进行分组。

（5）having：用于对分组或聚合后的函数进行分组。

（6）order by：用于对查询结果进行排序，asc表示升序，desc表示降序。

（7）limit：用于限制该子句查询出来的数据数量。

命令操作

写出如下查询命令。

（1）查询student表中所有学生的信息。

（2）查询所有学生的学号、姓名和来源。

（3）查询所有课程的信息，给每门课程的学分加1。

（4）查询所有学生的成绩信息，成绩以score*0.7显示出来。

（5）重命名查询结果。

① 使用as关键字为dept表中如下属性指定字段名：系号、系名、系主任、联系电话。

② 使用空格为dept表中如下属性指定字段名：系号、系名、系主任、联系电话。

（6）查询所有学生的学号、姓名、性别、班级（学号前两位为班级号）。

（7）查询所有男生的信息。

（8）查询来自四川达州的女生的信息。

（9）查询学分为3的课程的信息。

（10）查询成绩在80分以上的学生的学号。

（11）查询来自四川达州和四川巴中的学生的信息。

（12）查询来自四川达州和四川巴中的女生的信息。

（13）使用like关键字查询。

① 查询“计算机”开头的课程的信息。

② 查询所有姓“张”的学生的信息。

③ 查询所有名字为三个字且姓“张”的学生的信息。

④ 查询所有课程中包含“数据”的课程的信息。

（14）使用in关键字查询。

① 查询11系、12系、13系学生的信息。

② 查询所有姓“张”、姓“王”、姓“李”、姓“赵”的学生的信息。（答案不唯一）

（15）使用between...and...查询。

① 查询成绩为60~80的学生的学号。

② 查询选修了101课程，成绩为60~80的学生的学号。

③ 查询在1999.7.1至2000.7.1出生的学生的信息。

（16）使用[not] null关键字查询。

① 查询所有生源地为空的学生的信息。

② 查询所有生源地非空的学生的信息。

③ 查询成绩为空的学生的学号。

④ 查询选修了102号课程且成绩为空的学生的信息。

实验6 查询排序

知识点回顾

select子句的查询结果是从表中通过行列的条件限制筛选出来的一部分数据。如果我们想让数据按照某种顺序显示出来，可以使用order by关键字进行排序。order by关键字可以实现升序或者降序排序。基本语法格式如下：

```
select [all | distinct] 属性列表
from 表名或视图列表
[where 条件表达式]
[order by 属性名] [asc | desc]
```

其中，“属性名”参数表示按照该字段进行排序；asc参数表示按照升序排序；desc参数表示按照降序排序。asc和desc是可选项，在不写的情况下，默认是升序排序。

多重排序是指按照多个字段进行排序，order by子句后列举排序的多个字段中间用逗号分隔。

命令操作

写出以下查询命令。

（1）按照年龄由小到大的顺序显示学生的信息。

（2）查询课程信息，按照课程名称降序显示。

（3）查询选修了101课程的学生的学号，按成绩降序显示。

（4）查询11系学生的学号、姓名、年龄，按照年龄升序显示。

（5）查询课程信息，按照课程的学分降序排列，再按照课程名称升序排列。

实验7 查询统计与汇总

知识点回顾

group by 关键字可以将查询结果按某个字段或多个字段进行分组，字段中值相等的为一组。基本语法格式如下：

```
group by 属性名  [having 条件表达式][with  rollup]
```

其中，“属性名”是指按照该字段不同的值进行分组。“having 条件表达式”的作用可以类比where子句，当分组后的查询结果满足having条件表达式，结果才被显示。with rollup关键字将会在所有记录的最后加上一条记录，该记录是上面所有记录的总和。

在MySQL中也有一些常用的函数，可以对一组值进行计算，返回单个值，我们称为聚合函数。

部分常用聚合函数及说明如表7-1所示。

表7-1　部分常用的聚合函数

函 数 名 称	说　　明
SUM()	选取结果集中所有值的总和
COUNT()	选取结果集中所有记录行的数目
MAX()	选取结果集中所有值的最大值
MIN()	选取结果集中所有值的最小值
AVG()	选取结果集中所有值的平均值

命令操作

写出如下查询命令。

（1）查询学生总人数。

（2）查询来自四川达州的学生的总数。

（3）查询选修101号课程的人数。

（4）查询被选修课程的数量。

（5）查询11班学生的平均入学成绩。

（6）查询学号为1901001的学生选修课程的数量、总分及平均分（为选课数量、总分、平均分重命名)。

(7) 求各个课程号和相应的选课人数。

(8) 统计各班人数。

(9) 依次按班级、系号分类统计学生的人数、入学平均分。

(10) 查询被选修的课程中平均分在75分以上的课程号和平均分。

(11) 查询选修了两门以上(含两门)课程的学生的学号。

实验8 数据查询——多表连接查询

知识点回顾

在进行数据库设计时，要求每个表尽量简单，存放不同的数据，最大限度地减少数据冗余。而在实际查询过程中，往往需要从两个以上的表中选取数据，生成临时的查询结果。这就需要我们通过不同表中存在的意义相同的字段来建立多表连接查询。

内连接是当两个表中有相同意义的字段时，就可以通过该字段来连接两个表。内连接通常使用“=”比较运算符来判断两个表的列数据是否相同。内连接可以查询两个及两个以上的表。

外连接虽然也需要通过多表中意义相同的字段建立连接，但它不仅在字段值相等时可以查询出相应的记录，当该字段值不相等时也可以查询出相应的记录。外连接分为左外连接和右外连接。使用outer join关键字，关键字outer可以省略。其基本格式语法如下：

```
select 属性名列表
from 表1 left | right join 表2
on 表1.属性名1=表2.属性名2;
```

其中，“表1”“表2”是要进行外连接的两个表；on后面是两个表的意义相同的字段，同内连接。

命令操作

写出以下查询命令。

（1）查询学生的学号、姓名、系别及所选课程编号。

（2）查询学生的学号、姓名、所选课程名称。

（3）查询学生的学号、姓名、所选课程名称及成绩。

（4）查询学生的学号、姓名、所在系别的名称。

（5）查询学生的学号、姓名、所在系别的名称及联系电话。

（6）查询选修了101号课程的学生的学号、姓名、成绩。

（7）查询选修了“数据结构”课程的学生的姓名、学号、成绩。

（8）查询没有选修任何课程的学生的学号、姓名。

（9）查询不及格的学生的姓名、学号。

（10）查询入学成绩在420分以上的学生的学号、姓名、所在系的名称及联系电话。

（11）查询计科系学生的信息。

（12）查询计科系学生的选修课成绩。

实验9　数据查询——子查询

知识点回顾

子查询也叫嵌套查询，是指查询语句里面嵌套另外的查询语句，也就是一条语句中至少有两个select语句。内层查询语句的查询结果可以作为外层查询的条件使用。子查询中可以包括in、not in、any、all、exists等关键字，还可以包括运算符，如“=”“!=”“>”“<”等。

命令操作

写出以下查询命令。

（1）查询计科系学生的信息。

（2）查询不及格的学生的姓名、学号。

（3）查询选修了课程的学生的姓名、学号、性别。

（4）查询“张飞”同学所在班级的学生的姓名、学号。

（5）查询101号课程选课成绩比所有科目的平均成绩高的学生的学号、姓名。

（6）查询姓“张”的学生所在的系的名称和联系电话。

（7）查询女生的选修课的平均成绩。

（8）查询班长的选修课成绩。

（9）查询班长的选修课名称、学分和成绩。

（10）查询入学成绩在420分以上的学生所在系的名称及联系电话。

（11）查询入学成绩最高的学生所在系的名称及联系电话。

（12）查询计科系学生选修课的平均成绩。

实验10 查询综合练习（1）

知识点回顾

查询是针对表中存储的数据进行“筛选”，把符合条件的行和列组织起来，形成一个类似表的结构，也就是查询的结果。

MySQL中查询使用select语句的语法格式见实验5。

命令操作

新建数据库，命令如下：

```
use 数据库名称;
```

完成如下操作。

```
create table student(
    sno varchar(3) not null,
    sname varchar(4) not null,
    ssex varchar(2) not null,
    sbirthday datetime,
    class varchar(5)) collate='utf8_bin' engine=innodb;
create table course(
    cno varchar(5) not null,
    cname varchar(10) not null,
    tno varchar(10) not null) collate='utf8_bin' engine=innodb;
create table score(
    sno varchar(3) not null,
    cno varchar(5) not null,
    degree numeric(10, 1) not null) collate='utf8_bin' engine=innodb;
create table teacher(
    tno varchar(3) not null,
    tname varchar(4) not null, tsex varchar(2) not null,
    tbirthday datetime not null, prof varchar(6),
    depart varchar(10) not null);
insert into student (sno,sname,ssex,sbirthday,class) values ('108','曾华',
'男','1977-09-01',95033);
```

```
insert into student (sno,sname,ssex,sbirthday,class) values ('105','匡明',
'男','1975-10-02',95031);
insert into student (sno,sname,ssex,sbirthday,class) values ('107','王丽',
'女','1976-01-23',95033);
insert into student (sno,sname,ssex,sbirthday,class) values ('101','李军',
'男','1976-02-20',95033);
insert into student (sno,sname,ssex,sbirthday,class) values ('109','王芳',
'女','1975-02-10',95031);
insert into student (sno,sname,ssex,sbirthday,class) values ('103','陆君',
'男','1974-06-03',95031);
insert into course(cno,cname,tno) values ('3_105','计算机导论',825);
insert into course(cno,cname,tno) values ('3_245','操作系统',804);
insert into course(cno,cname,tno) values ('6_166','数据电路',856);
insert into course(cno,cname,tno) values ('9_888','高等数学',100);
insert into score(sno,cno,degree) values ('103','3_245',86);
insert into score(sno,cno,degree) values ('105','3_245',75);
insert into score(sno,cno,degree) values ('109','3_245',68);
insert into score(sno,cno,degree) values ('103','3_105',92);
insert into score(sno,cno,degree) values ('105','3_105',88);
insert into score(sno,cno,degree) values ('109','3_105',76);
insert into score(sno,cno,degree) values ('101','3_105',64);
insert into score(sno,cno,degree) values ('107','3_105',91);
insert into score(sno,cno,degree) values ('108','3_105',78);
insert into score(sno,cno,degree) values ('101','6_166',85);
insert into score(sno,cno,degree) values ('107','6_106',79);
insert into score(sno,cno,degree) values ('108','6_166',81);
insert into teacher(tno,tname,tsex,tbirthday,prof,depart) values ('804',
'李诚','男','1958-12-02','副教授','计算机系');
insert into teacher(tno,tname,tsex,tbirthday,prof,depart) values ('856',
'张旭','男','1969-03-12','讲师','电子工程系');
insert into teacher(tno,tname,tsex,tbirthday,prof,depart) values ('825',
'王萍','女','1972-05-05','助教','计算机系');
insert into teacher(tno,tname,tsex,tbirthday,prof,depart) values ('831',
'刘冰','女','1977-08-14','助教','电子工程系');
```

1. 根据数据表写出查询语句

(1) 查询student表中的所有记录的sname、ssex和class列。

(2) 查询教师所在的单位，即查询不重复的depart列。

(3) 查询student表的所有记录。

(4) 查询score表中成绩为60~80的所有记录。

(5) 查询score表中成绩为85、86或88的记录。

(6) 查询student表中95031班或性别为“女”的学生的记录。

(7) 以class降序查询student表的所有记录。
(8) 以cno升序、degree降序查询score表的所有记录。
(9) 查询95031班的学生人数。
(10) 查询score表中最高分的学生学号和课程号。
(11) 查询3_105号课程的平均分。
(12) 查询score表中至少有5名学生选修并以3开头的课程的平均分数。
(13) 查询最低分大于70且最高分小于90的sno列。
(14) 查询所有学生的sname、cno和degree列。
(15) 查询所有学生的sno、cname和degree列。
(16) 查询95033班所选课程的平均分。

2. 使用如下命令建立一个grade表并完成查询

```
create table grade(low numeric(10,0),upp numeric(10,0),rank varchar(1))
collate='utf8_bin' engine=innodb;
insert into grade values(90,100,'a');
insert into grade values(80,89,'b');
insert into grade values(70,79,'c');
insert into grade values(60,69,'d');
insert into grade values(0,59,'e');
commit;
```

(1) 查询选修3_105课程且成绩高于109号学生成绩的所有学生的记录。
(2) 查询score中选学一门以上课程的学生中分数为非最高分成绩的记录。
(3) 查询成绩高于学号为109、课程号为3_105的课程成绩的所有记录。
(4) 查询和学号为108的学生同年出生的所有学生的sno、sname和sbirthday列。
(5) 查询“张旭”教师任课的学生成绩。
(6) 查询选修某课程的学生人数多于5人的教师姓名。
(7) 查询95033班和95031班全体学生的记录。
(8) 查询存在有85分以上成绩的课程cno。
(9) 查询出“计算机系”教师所教课程的成绩表。
(10) 查询“计算机系”与“电子工程系”不同职称的教师的tname和prof。
(11) 查询选修编号为3_105课程且成绩高于选修编号为3_245的学生的cno、sno和degree，并按degree列从高到低次序排序。
(12) 查询选修编号为3_105且成绩高于选修编号为3_245课程的学生的cno、sno和degree。
(13) 查询所有教师和学生的name、sex和birthday。
(14) 查询所有“女”教师和“女”学生的name、sex和birthday。
(15) 查询成绩比该课程平均成绩低的学生的成绩表。
(16) 查询所有任课教师的tname和depart。
(17) 查询所有未讲课的教师的tname和depart。

(18) 查询至少有2名男生的班号。
(19) 查询student表中不姓“王”的学生记录。
(20) 查询student表中每个学生的姓名和年龄。
(21) 查询student表中最大和最小的sbirthday日期值。
(22) 以班号和年龄从大到小的顺序查询student表中的全部记录。
(23) 查询“男”教师及其所上的课程。
(24) 查询最高分学生的sno、cno和degree列。
(25) 查询和“李军”同性别的所有学生的sname。
(26) 查询所有选修“计算机导论”课程的“男”学生的成绩表。

实验11　查询综合练习（2）

知识点回顾

MySQL中查询使用select语句，语法格式见实验5。

命令操作

完成如下操作。

```
create table dept
(
    deptno varchar(10) primary key,
    dname varchar(10)
);
create table emp
(
    empno varchar(10) primary key,
    ename varchar(10),
    job varchar(10),
    mgr varchar(10),
    sal varchar(10),
    deptno varchar(10) references dept(deptno)
);
#drop table dept;
#drop table emp;
insert into dept values ('1','事业部');
insert into dept values ('2','销售部');
insert into dept values ('3','技术部');
insert into emp values ('01','jacky','clerk','tom','1000','1');
insert into emp values ('02','tom','clerk','','2000','1');
insert into emp values ('07','biddy','clerk','','2000','1');
insert into emp values ('03','jenny','sales','pretty','600','2');
insert into emp values ('04','pretty','sales','','800','2');
insert into emp values ('05','buddy','jishu','canndy','1000','3');
insert into emp values ('06','canndy','jishu','','1500','3');
```

```
select * from dept;
select * from emp;
```

（1）列出emp表中各部门的部门号、最高工资、最低工资。

（2）列出emp表中各部门job为clerk的员工的最高工资、最低工资和部门号。

（3）对于emp表中最低工资小于2000的部门，列出job为clerk的员工的部门号、最高工资、最低工资。

（4）根据部门号由高到低、工资由低到高列出每个员工的姓名、部门号、工资。

（5）列出buddy所在部门中每个员工的姓名与部门号。

（6）列出每个员工的姓名、工作、部门号、部门名。

（7）列出emp表中工作为clerk的员工的姓名、工作、部门号、部门名。

（8）如果emp表中有管理者，列出管理者姓名（管理者外键为mgr）。

（9）对于dept表，列出所有部门号、部门名，同时列出各部门工作为clerk的员工名与工作。

（10）对于工资高于本部门平均水平的员工，列出部门号、姓名、工资，并按部门号排序。

（11）对于emp表，列出各个部门中工资高于本部门平均工资的员工数和部门号，按部门号排序。

（12）对于emp表中工资高于本部门平均水平且人数多于1人的，列出员工数、部门号、平均工资，按部门号排序。

（13）对于emp表中低于自己工资至少5人的员工，列出其部门号、姓名、工资，以及工资少于自己的人数。

实验12 查询综合练习（3）

知识点回顾

在MySQL中查询使用select语句，语法格式见实验5。

命令操作

完成如下操作。

```
create table s
(
    sid varchar(10) primary key,
    sn varchar(10),
    sd varchar(10),
    sa varchar(10)
);
#drop table s;
create table c
(
    cid varchar(10) primary key,
    cn varchar(10)
);
#drop table c;
create table sc
(
    sid varchar(10) references s(sid),
    cid varchar(10) references c(cid),
    g int
);
#drop table sc;
insert into s values('001','汪洋','计算机学院','25');
insert into s values('002','王世俊','计算机学院','23');
insert into s values('003','王鑫','软件学院','22');
insert into s values('004','陈桂超','化学学院','23');
insert into s values('005','通信生','软件学院','25');
```

```
select * from s;
insert into c values('01','化学');
insert into c values('02','语文');
insert into c values('03','数学');
insert into c values('04','英语');
select * from c;
insert into sc values('001','01',70);
insert into sc values('001','02',80);
insert into sc values('001','03',90);
insert into sc values('001','04',100);
insert into sc values('002','01',80);
insert into sc values('002','02',90);
insert into sc values('003','01',60);
insert into sc values('004','02',70);
insert into sc values('003','03',50);
insert into sc values('004','04',60);
select * from sc;
```

（1）使用标准SQL嵌套语句查询选修课程名称为“语文”的学员学号、单位和姓名。

（2）使用标准SQL嵌套语句查询选修课程编号为02的学员姓名和所属单位。

（3）使用标准SQL嵌套语句查询不选修课程编号为02的学员姓名和所属单位。

（4）使用标准SQL嵌套语句查询选修全部课程的学员姓名和所属单位。

（5）查询选修了课程的学员人数。

（6）查询选修课程超过2门的学员学号、姓名、单位。

实验13　查询综合练习（4）

知识点回顾

在MySQL中查询使用select语句，语法格式见实验5。

命令操作

完成如下操作。

（1）创建一个名称为mydb1的数据库。

（2）查看所有数据库。

（3）创建一个使用UTF-8字符集的mydb2数据库。

（4）创建一个使用UTF-8字符集并带校对规则的mydb3数据库。

（5）显示库的创建信息。

（6）删除前面创建的mydb1数据库。

（7）查看服务器中的数据库，并把其中某一个库的字符集修改为GB 2312。

（8）使用mydb1数据库。

（9）查看库中所有表。

（10）查看表的创建细节。

（11）查看表的结构。

（12）创建一个员工表。

（13）在员工表中增加一个image列。

（14）修改job列，使其长度为60。

（15）删除sex列。

（16）表名改为user。

（17）修改表的字符集为UTF-8。

（18）列名name修改为username。

（19）将表名改回employee。

（20）添加一名员工的信息：

```
(1,'aaa','1980-09-09','1980-09-09','bbb',1000,'bbbbbbbb')
```

（21）查看插入的数据。

（22）使用insert语句向表中插入一个员工的信息。

(23) 插入失败后的解决方案。

(24) 显示失败后的解决方案。

(25) 将所有员工工资修改为5000元。

(26) 将姓名为aaa的员工工资修改为3000元。

(27) 将姓名为aaa的员工工资修改为4000元，job改为ccc。

(28) 将员工aaa的工资在原有基础上增加1000元。

(29) 删除表中名称为zs的记录。

(30) 删除表中所有记录。

(31) 使用truncate删除表中记录。

实验14 函　　数

知识点回顾

MySQL提供了众多功能强大、方便易用的函数。使用这些函数，可以极大地提高用户对数据库的管理效率。

字符串函数是最常用的一种函数，主要用来处理数据库中的字符串数据。字符串函数包括求字符串长度、合并字符串、替换字符串、获取指定长度的字符串等函数。

MySQL中的数学函数也是比较常用的一类函数，可以利用数学函数对数值进行数学运算，例如获取数值的绝对值、获取随机数等。

MySQL中的日期和时间函数可以用来返回系统日期和时间等，也可以计算两个日期间相差了多少天。

命令操作

利用MySQL的函数进行如下运算。

（1）计算3的3次方。

（2）计算16的平方根。

（3）返回不大于-3.5的最大整数。

（4）计算PI（圆周率）对应的角度。

（5）将字符串'BEIJING'变成小写。

（6）截取字符串'sichuanchengdu'的后7位字符。

（7）截取字符串'sichuanchengdu'的前7位字符。

（8）从字符串'chengdu is a beautiful city'的第8个字符位置开始，截取一个长度为8的子串。

（9）将字符串'mybook'逆序输出。

（10）计算当前日期的月份。

（11）计算当前日期是本年的第几天。

（12）通过函数获取当前日期的月份。

（13）计算今天到春节间隔的天数。

（14）计算学生的年龄并显示出来。

实验15 运 算 符

知识点回顾

运算符是用来连接表达式中各个操作数的符号，其作用是用来指明对操作数所进行的运算。MySQL运算符包括4类，分别是算术运算符、比较运算符、逻辑运算符和位运算符。分别如表15-1～表15-4所示。

表15-1 算术运算符

运 算 符	作 用
+	加法
–	减法
*	乘法
/，div	除法，返回商
%， mod	除法，返回余数

表15-2 比较运算符

符 号	表达式的形式	作 用
=	x1=x2	判断x1是否等于x2
<>或!=	x1<>x2或x1!=x2	判断x1是否不等于x2
<=>	x1<=>x2	判断x1是否等于x2
>	x1>x2	判断x1是否大于x2
>=	x1>=x2	判断x1是否大于等于x2
<	x1<x2	判断x1是否小于x2
<=	x1<=x2	判断x1是否小于等于x2
is null	x1 is null	判断x1是否等于null
is not null	x1 is not null	判断x1是否不等于null
between...and...	x1 between *m* and *n*	判断x1的取值是否落在*m*和*n*之间

续表

符　号	表达式的形式	作　用
in	x1 in（值1，值2，…，值*n*）	判断x1的取值是否值1~*n*中的一个
like	x1 like 表达式	判断x1是否与表达式匹配
regexp	x1 regexp 正则表达式	判断x1是否与正则表达式匹配

表15-3　逻辑运算符

运 算 符	作　用
not或!	逻辑非
and或&&	逻辑与
or或||	逻辑或
xor	逻辑异或

表15-4　位运算符

符　号	作　用
&	按位与。进行该运算时，数据库系统会先将十进制的数转换为二进制的数，然后对应操作数的每个二进制位上进行与运算。1和1相与得1，1和0相与得0。运算完成后再将二进制数变回十进制数
|	按位或。将操作数化为二进制数后，每位都进行或运算。1和任何数进行或运算的结果都是1，0与0进行或运算结果为0
~	按位取反。将操作数化为二进制数后，每位都进行取反运算。1取反后变成0，0取反后变成1
^	按位异或。将操作数化为二进制数后，每位都进行异或运算。相同的数异或之后结果是0，不同的数异或之后结果为1
<<	按位左移。*m*<<*n*表示*m*的二进制数向左移*n*位，右边补上*n*个0。例如，二进制数001左移1位后变成0010
>>	按位右移。*m*>>*n*表示*m*的二进制数向右移*n*位，左边补上*n*个0。例如，二进制数011右移1位后变成001，最后一个1直接被移出

命令操作

完成如下操作。

（1）在MySQL中执行如下算术表达式。

① 4*2-3

② (3+6)/3

③ (3+6)/2

④ 9 div 2

⑤ MOD(9,2)

(2) 在 MySQL 中执行下面的比较运算符表达式。

① 5>6

② 25>=31

③ 20<=30

④ 5<=>5

(3) 在 MySQL 中执行下面的逻辑运算符表达式。

① -2&&3

② -3||null

③ 1 XOR 0

④ !1

(4) 在 MySQL 中执行下面的位运算。

① 5&7

② 11|15

③ 12^13

④ ~12

实验16　存储过程和触发器

知识点回顾

存储过程（stored procedure）是把经常使用的一组SQL语句组合在一起，经过编译后以一个名称存储在数据库中。

在MySQL中，创建存储过程的基本语法格式如下：

```
create procedure sp_name([[in|out|inout]param_name type[,...]])
body
```

其中，

（1）create procedure：用来创建存储过程的关键词。

（2）sp_name：存储过程的名称。

（3）in|out|inout：参数的类型。in为输入参数；out为输出参数；inout既可以表示输入参数，也可以表示输出参数。

（4）param_name：参数的名称。

（5）type：参数类型，该类型可以是MySQL数据库中的任意类型。

（6）body：存储过程体，可以用begin...end来表示SQL代码的开始和结束。

触发器这种特殊的存储过程，主要是通过当某个事件发生时自动被触发执行。当在数据表中插入记录、修改记录或者删除记录时，MySQL就会自动执行触发器所定义的SQL语句，从而确保对数据的处理必须符合由这些SQL语句所定义的规则。

创建触发器的基本语法格式如下：

```
create trigger trigger_name
before|after trigger_even on table_name for each row
begin
routine_body
end
```

其中，

（1）trigger_name：触发器的名称（命名最好见名知意）。

（2）before|after：触发器执行的时间，before指在触发事件之前执行触发语句，after表示触发事件之后执行触发语句。

（3）trigger_even：触发的条件，当有insert、update、delete操作时，触发器被触发。

（4）table_name：触发事件操作的表的名称。

（5）for each row：任何一条记录上的操作满足触发事件时都会触发该触发器。

（6）routine_body：触发器被触发时要执行的触发语句。

命令操作

完成如下操作。

（1）编写存储过程stu_gra，查询计科系学生的信息。

（2）编写存储过程stu_dep，根据给定的系别号，查询该系学生的姓名、成绩。

（3）编写存储过程cou_stu，根据给定的学号，查询该学生所选课程的学分。

（4）创建触发器del_inf，当有学生退学时，删除student表中该学生的信息，触动触发器，同时删除该学生对应的选课和成绩信息。

（5）删除触发器del_inf。

（6）删除存储过程stu_gra。

实验17　索　　引

知识点回顾

索引是创建在表中通过对指定的字段进行排序的一种结构，其作用与目录在书籍中的作用类似，主要是提高查找信息的速度。索引的建立是不可见的，但是其作用可以从数据的检索效率中体现出来。

MySQL中创建普通索引的语法格式如下：

```
create table 表名(字段名 数据类型,
    …
    字段名 数据类型,
    index 索引名(索引字段)
);
```

在已经存在的表中添加索引，语法格式如下：

```
alter table 表名 add index 索引名(索引字段);
```

命令操作

请回答以下问题并进行操作。

(1) 表中建立了索引后，导入大量数据为什么会很慢？

(2) MySQL中索引、主键和唯一性的区别是什么？

(3) 创建winf表。

创建表的同时在id字段上创建名为index_id的唯一性索引，而且以降序的格式排列。winf表的结构表17-1所示。

表17-1　winf表

字段名	字段描述	数据类型	主键	外键	非空	唯一	自增
id	编号	int（10）	是	否	是	是	是
name	姓名	varchar（20）	否	否	是	否	否
type	职位类别	varchar（10）	否	否	否	否	否
address	工作地址	varchar（50）	否	否	否	否	否
wages	备注信息	text	否	否	否	否	否

续表

字段名	字段描述	数据类型	主键	外键	非空	唯一	自增
contents	工作内容	int	否	否	否	否	否
extra	附加内容	text	否	否	否	否	否

① 为name字段创建索引index_name。

② 使用alter table语句在type和address上创建名为index_ta的索引。

③ 使用alter table语句在extra字段上创建名为index_ext的全文索引。

④ 删除winf表的唯一性索引index_id。

提示：创建索引时，请注意区分不同的类别。

实验18 视 图

知识点回顾

视图是虚表，是从一个或几个基本表（或视图）中导出的表，视图本身不占用存储空间。视图只展示用户感兴趣的字段，而屏蔽其他字段，这样既可以方便用户的操作，又可以保障数据库系统的安全性。

在MySQL中创建视图的基本语法格式如下：

```
create [algorithm = temptable/merge/undefined] view 视图名 as select语句;
```

命令操作

创建animal表，表结构如表18-1所示。按照要求完成下列操作。

表18-1 animal表

字段名	字段描述	数据类型	主键	外键	非空	唯一	自增
id	编号	int（4）	是	否	是	是	是
name	名称	varchar（20）	否	否	是	否	否
kinds	种类	varchar（8）	否	否	是	否	否
legs	腿的数量	int（4）	否	否	否	否	否
behavior	习性	varchar（50）	否	否	否	否	否

（1）在animal表的基础上创建视图ani_view，该视图包含字段id、name和legs。

（2）向ani_view视图中插入几条记录，并查看giant视图。

（3）查询该视图中动物的名称。

（4）查询该视图中腿有4条的动物有哪些。

（5）删除某一种动物的信息，并查看视图。

（6）删除ani_view视图。

实验19　用Java访问MySQL数据库

Java是现在最流行的程序语言之一，是由Sun公司开发的程序设计语言。Java语言是一种面向对象的编程语言，而且具有跨平台性和高效的网络编程特性。Java语言可以通过MySQL数据库的接口访问MySQL数据库。下面我们要练习的内容包括：Java如何连接MySQL数据库；Java如何操纵MySOL数据库；Java如何备份MySQL数据库；Java如何还原MySQL数据库。通过练习编写访问MySQL数据库的Java代码，希望读者不仅可以了解Java语言访问MySQL数据库的原理和方法，提高对MySQL数据库的理解，而且还可以提高Java编程的水平。

1. Java连接MySQL数据库

Java 语言可以通过JDBC（Java Database Connectivity，Java 数据库连接）来访问MySQL数据库。JDBC的编程接口提供的接口和类与MySQL数据库建立连接，然后将SQL语句的执行结果进行处理。但这需要一个MySQL数据库的JDBC驱动程序。下面介绍Java连接MySQL数据库的方法。

（1）下载JDBC驱动MySQL Connector/J

读者可以在MySQL的官方网站下载JDBC驱动。我们以MySQL Connector/J 5.1的JDBC驱动程序为例来进行讲解。MySQL Connector/J 5.1的下载网址为http:/dev.mysql.com/downloads connector/j/5.1.html。在下载页面有Source and Binaries（tar.gz）和 Source and Binaries（zip）两个下载选项。前者主要用于Linux 操作系统，后者主要用于Windows 操作系统。下载后的文件分别是mysql-connector-java-5.1.10.tar.gz和 mysql-connector-java-5.1.10.zip。这里面都包含驱动的源代码和二进制包。源代码可以自行进行编译。二进制包是编译好的驱动，名称为mysql-connector-java-5.1.10-bin jar。

（2）安装MySQL Connector/J驱动

Shell或DOS窗口和Eclipse等编程工具中使用JDBC的方式是不一样的，前者需要将JDBC驱动的路径添加到环境变量中，后者可以直接将JDBC驱动添加到Eclipse等工具中。

在Windows操作系统中右击“我的电脑”图标，在弹出的菜单中选择“属性”命令，然后单击“高级”选项卡中的“环境变量”按钮，在弹出的窗口中可以看到用户环境变量。在classpath变量中添加mysql-connector-java-5.1.10-bin.jar的路径。在DOS窗口中执行的Java语句中需要调用JDBC驱动时，系统会自动到classpath变量中设置的路径中去查找。

解压完成后，可以看到源代码和jar包文件。需要在/etc/profile文件中添加JDBC驱动的jar包的路径。假设jar包mysql-connector-java-5.1.10-bin.jar存储在/home/mine目录下。

用vi工具打开/etc/profile文件，并按照下面的方式添加环境变量。

```
CLASSPATH=.;/home/mine/mysql-connector-java-5.1.10-bin.jar
export CLASSPATH
```

如果读者使用的是Eclipse或者MyEclipse，可以直接将JDBC驱动添加到编程工具中。选择Window→Preferences命令，进入Preferences对话框，在该对话框中可以选择Java→Build Path→User Libraris选项。在出现的窗格中可以添加新的jar包，如图19-1所示。

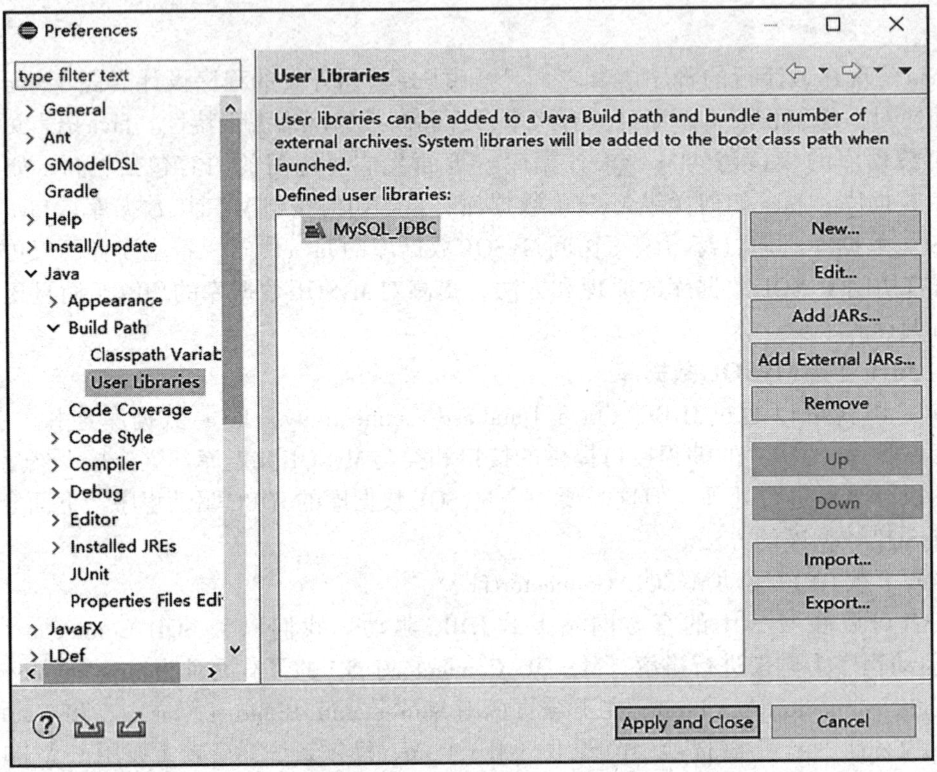

图19-1 Preferences对话框

在对话框右边单击New...按钮，可以建立库文件并为其命名，可以命名为MySQL-JDBC。单击Add JARs按钮，可以添加新的jar包，在此处将mysql-connector-java-5.1.10-bin.jar添加到Eclipse中。

右击工程名并选择Build Path命令，在弹出的下拉菜单中选择Add Library命令。再在弹出的Add Library对话框中选择User Library选项，然后单击Next按钮。在新对话框中选择MySQL-JDBC选项，然后单击Finish按钮，这样JDBC驱动就添加到Eclipse中。

注意：在Windows操作系统中，在classpath变量中添加JDBC驱动的路径后可能需要重新启动计算机。在MyEclipse中可以使用上述方法添加JDBC驱动。如果在MyEclipse中创建Web工程，可以直接将JDBC驱动的jar包复制到指定工程的WebRoot→WEB-INF→lib目录下。

（3）连接MySQL数据库

在java.sql包中存在DriverManager类、Connnection接口、Statement接口和ResultSet接

口。这些类和接口的作用如下。

- DriverManager类：主要用于管理驱动程序和连接数据库。
- Connection接口：主要用于管理建立好的数据库连接。
- Statement接口：主要用于执行SQL语句。
- ResultSet接口：主要用于存储数据库返回的记录。

通过DriverManager类和Connection 接口实现连接数据库的功能。首先使用java.lang.Class类中的forName()方法来指定JDBC驱动的类型。forName()方法指定MySQL驱动的语句如下：

```
Class.forName("com.mysql.jdbc.Driver");
```

其中，com.mysql.jdbc.Driver为MySQL的JDBC驱动中的Driver类。除了这个Driver类以外，还有另外一个Driver类，它存储在org.git.mm.mysql包下，因此也可以使用forName()方法指定MySQL驱动，语句如下：

```
Class.forName("org.git.mm.mysql.Driver");
```

org.git.mm.mysql.Driver与com.mysql.jdbc.Driver的作用完全相同。org.git.mm.mysql.Driver类的代码如下：

```
Public class Driver extends com.myql.jdbc.Driver{
    Public Driver() throws SQLException{
        Super();
    }
}
```

从上面的代码可以看出，org.git.mm.mysql.Driver继承了com.mysql.jdbc.Driver。需要注意的是，使用forName()方法时需要抛出ClassNotFoundException异常。

说明： org.git.mm.mysql.Driver 是早期的JDBC驱动程序。随着MySQL官方推出com.mysql.jdbc.Driver以后，org.git.mm.mysql.Driver慢慢地退出了历史舞台。但是为了保证早期使用org.git.mm.mysql.Driver的Java代码的可用性，在新的JDBC驱动程序中添加了名为org.git.mm.mysql.Driver的类。

指定了MySQL驱动程序之后，就可以使用DriverManager类和Connection接口来连接数据库。在DriverManager类中提供了getConnection()方法。getConnection()方法有以下3个输入参数。

- url：指定JDBC的数据源，其基本形式是“jdbc:mysql:数据源”。数据源中包括了IP或主机名、端口号和数据库名。
  例如，jdbc:mysql://localhost:3306/hjh中，localhost表示本地计算机，3306是MySQL的端口号，hjh是数据库名。
- user：MySQL数据库的用户名。
- password：指定用户名的密码。

getConnection()方法的返回值是Connection对象。下面是使用getConnection()方法的语句：

```
Connection connection=DriverManager.getConnection(url,user,password);
//创建 Connection 对象
```

【示例1】 本示例连接本地计算机的MySQL数据库。MySQL使用默认端口3306，连接的数据库是hjh。使用用户root来连接，其密码为huang。连接MySQL的语句如下：

```
Connection connection=DriverManager.getConnection("jdbc:mysql://
localhost:3306/hjh","root","huang");
```

通过这个语句就可以连接到MySQL的hjh数据库了。该语句也可以写成如下形式：

```
String url="jdbc:mysql://localhost:3306/hjh";
String user="root";
String password="huang";
Connection connection=DriverManager.getConnection(url,user,password);
```

这个语句要调用java.sql包下面的DriverManager类和Connection接口。Connection接口是在JDBC驱动中实现的。JDBC驱动的com.mysql.jdbc包下有Connection类。使用getConnection()方法时需要抛出SQLException异常。

2. 用Java操作MySQL

连接MySQL数据库之后，可以对MySQL数据库中的数据进行查询、插入、更新和删除等操作。Statement接口主要用来执行SQL语句，其中定义一些执行SQL语句的方法。SQL语句执行后返回的结果由ResultSet接口管理。通过这两个接口，Java可以方便地操作MySQL数据库。下面详细介绍用Java操作MySQL数据库的方法。

（1）创建Statement对象

Connection对象调用createStatement()方法来创建Statement对象，其代码如下：

```
Statement statement=connection.createStatement();
```

其中，statement是Statement对象，connection是Connection对象。createStatement()方法返回Statement对象。通过这个Java语句就可以创建Statement对象，Statement对象创建成功后，可以调用其中的方法来执行SQL语句。

（2）使用select语句查询数据

Statement对象可以调用executeQuery()方法执行select语句，select语句的查询结果返回给ResultSet对象。调用executeQuery()方法的代码如下：

```
ResultSet result=statement.executeQuery("select 语句");
```

通过该语句可以将查询结果存储到result中。查询结果可能有多条记录，这就需要使用循环语句来读取所有记录。其代码如下：

```
while(result.next()) {
    String s=result.getString("字段名");
    System.out.print(s);
}
```

其中，“字段名”参数表示查询出来记录的字段名称。使用getString()函数可以将指定字段的值取出来，不管字段的数据类型是什么，都是当作字符串取出来的。只要result.next()的值不为空，则可以执行循环。

```
While(result.next()){                                      //判断是否还有记录
    String id= result.getString("stu_id");                //获取 stu_id 字段的值
    String course= result.getString("c_name");             //获取 c_name 字段的值
    String grade= result.getString("grade");               //获取 grade 字段的值
    System.out.println(id+" "+course+" "+grade);           //输出字段的值
}
```

【示例2】 从score表中查询学生的学号、考试科目和成绩。部分代码如下：

```
Statement statement=connection.createStatement();  //创建 Statement 对象
//执行 select 语句,并且将查询结果传递到 ResultSet 对象中
ResultSet result=statement.executeQuery("select stu_id,c_name,grade
from score");
```

这段代码执行select语句，从score表中查询出stu_id、c_name 和grade这3个字段的值。因为查询出来的记录可能有很多条，所以需要用while语句来进行循环读取。读取到最后一条记录以后，result.next()的值变为空，此时循环结束。

说明：ResultSet接口中还定义了其他的方法。例如，getRow()方法可以获取当前行在结果集中的位置；first()方法可以从当前行回到第一行；last()方法可以从当前行跳到最后一行；isFirst()方法判断当前行是否是第一行；isLast()方法判断当前行是否是最后一行。

（3）插入、更新或者删除数据

executeQuery()方法只能执行select语句。如果需要进行插入、更新或者删除操作，则需要Statement对象调用executeupdate()方法来实现。executeupdate()方法执行完后，返回影响表的行数。下面是调用executeQuery()方法的代码：

```
int result=statement.executeupdate(sql);
```

其中，sql参数必须是insert语句、update语句或者DELETE语句。该方法返回的结果为数字。

【示例3】 向score表插入一条新记录。部分代码如下：

```
Statement statement=connection.createStatement();          //创建 Statement 对象
String sql="insert into score values(21,902,"英语",85)"; //获取 insert 语句
int result=statement.executeupdate(sql);   //执行 insert 语句,返回插入的记录数
System.out.println(result);                                   //输出插入的记录数
```

代码执行成功后，可以将新记录插入到score表中。同时，返回数字1，这表示对表中的一条记录进行了操作。

【示例4】 更新score表中id为16的记录，将该记录的grade字段的值改为100。部分代码如下：

```
Statement statement=connection.createStatement();      //创建 Statement 对象
String sql="update score set grade=100 where id=16"; //获取 update 语句
```

```
int result=statement.executeupdate(sql);  //执行update语句,返回更新的记录数
System.out.println(result);                //输出更新的记录数
```

代码执行成功后，可以更新id为16的记录，同时返回数字1，这表示更新了表中的一条记录。

【示例5】 从score表中删除id为16的记录。部分代码如下：

```
Statement statement=connection.createStatement();   //创建Statement对象
String sql="delete from score where id=16";          //获取delete语句
int result=statement.executeupdate(sql);  //执行delete语句,返回更新的记录数
System.out.println(result);                          //输出更新的记录数
```

代码执行成功后，可以删除id为16的记录，同时返回数字1，这表示删除了表中的一条记录。

（4）执行任意SQL语句

execute()方法可以执行select语句、insert语句、update语句和delete语句等。无法确定要执行的SQL语句是查询还是更新时，可以使用execute()函数。该函数的返回结果是boolean类型的值，返回值为true表示执行查询语句，false表示执行更新语句。

下面是调用execute()方法的代码：

```
boolean result=statement.execute(sql);
```

提示：因为executeQuery()方法只能执行select语句，而executeupdate()方法能够执行update语句、insert语句、delete语句等改变数据的SQL语句，所以，在不知道SQL语句的类型或者要执行不同类型的SQL语句时，可以选择execute()方法。

如果要获取select语句的查询结果，需要调用getResultSet()方法。如果要获取insert语句、update语句或者delete语句影响表的行数，需要调用getupdateCount()方法。这两个方法的调用语句如下：

```
ResultSet result1=statement.getResultSet();
int reuslt2=statement.getupdate();
```

【示例6】 下面调用execute()函数执行SQL语句。部分代码如下：

```
Statement statement=connection.createStatement();   //创建statement对象
String sql="select stu_id,c_name,grade from score";
                                           //定义变量sql,获取select语句
boolean st=statement.execute(sql);                  //执行select语句
                                    //如果执行select语句,execute()返回true
if(st==true){
    Result result=statement.getResultSet();    //将查询结果传递给Result对象
    While(result.next()){                        //判断是否还有记录
        String id= result.getString("stu_id");          //获取stu_id字段的值
        String course= result.getString("c_name");   //获取c_name字段的值
        String grade= result.getString("grade");       //获取grade字段的值
```

```
            System.out.println(id+" "+course+" "+grade); //输出字段的值
        }
    }
    else{
        int i=statement.getupdateCount();              //通过获取发生变化的记录数
        system.out.println("the number is"+i);         //输出记录数
    }
```

如果执行的是select语句，那么st的值就是true，将执行if语句中的代码；如果执行的是insert语句、update语句或者DELETE语句，将执行else语句中的代码。

（5）关闭创建的对象

当所有SQL语句都执行完毕后，需要关闭所创建的Connection对象、Statement对象和ResultSet对象。关闭对象的顺序与创建对象的顺序相反，关闭的顺序为ResultSet对象、Statement对象、Connection对象。对象调用close()方法来关闭对象，然后将对象的值设为空。关闭对象的部分代码如下：

```
if(result!=null){                        //判断Result对象是否为空
    result.close();                      //调用close()方法关闭ResultSet对象
    result=null;
}
if(statement!=null){                     //判断Statement对象是否为空
    statement.close();                   //调用close()方法关闭Statement对象
    statement=null;
}
if(connection!=null){                    //判断Connection对象是否为空
    connection.close();                  //调用close()方法关闭Connection对象
    connection=null;
}
```

3. 用Java备份与还原MySQL数据库

在Java语言中可以使用mysqldump命令来备份MySQL数据库，也可以使用mysql命令来还原MySQL数据库。下面介绍用Java备份与还原MySQL数据库的方法。

（1）用Java备份MySQL数据库

通常使用mysqldump命令来备份MySQL数据库。其语句格式如下：

```
mysqldump -u username -pPassword dbname table1 table2...>BackupName.sql
```

其中，username参数表示登录数据库的用户名；Password参数表示用户的密码，其与-p之间不能用空格隔开；dbname参数表示数据库的名称；table1和table2参数表示表的名称，没有该参数时将备份整个数据库；BackupName.sql参数表示备份文件的名称，文件名前面可以加上一个绝对路径。通常将数据库备份成一个后缀名为sql的文件。

Java语言的Runtime类中的exec()方法可以运行外部命令。调用exec()方法的代码如下：

```
Runtime rt=Runtime.getRuntime();
Rt.exec("命令语句");
```

用Java备份MySQL数据库时，使用exec()方法来执行mysqldump命令。使用exec()方法时要进行异常处理。

【示例7】 下面是在Windows操作系统下用Java备份MySQL数据库。部分代码如下：

```
String str="mysqldump -u root -phuang -opt test>c:/test.sql";
                                       //将mysqldump命令的语句赋值给str
Runtime rt=Runtime.getRuntime();       //创建Runtime对象
rt.exec("cmd/c"+str);                  //调用exec()函数
```

上面的代码可以将数据库test备份到C:\目录下的test.sql文件中。-opt选项可以提高备份的速度，cmd表示要使用cmd命令来打开DOS窗口，/c表示执行完命令后关闭命令窗口。

说明： Windows操作系统下一定要加上cmd/c，因为Windows操作系统中的mysqldump命令是在DOS窗口中运行的。在Linux操作系统下，只有拥有root权限或者mysq1权限的用户才可以执行这段代码，否则Java代码执行时会出现异常。

（2）用Java还原MySQL数据库

通常使用mysql命令来还原MySQL数据库。其语句格式如下：

```
mysql -u root -p[dbname]<backup.sql
```

其中，dbname参数表示数据库名称，该参数是可选参数，可以指定数据库名，也可以不指定。指定数据库名时，表示还原该数据库下的表，不指定数据库名时，表示还原特定的一个数据库，而备份文件中有创建数据库的语句。

Java还原MySQL数据库与备份MySQL数据库的原理是一样的。Java还原MySQL数据库时，使用exec()方法来执行mysql命令。

【示例8】 在Windows操作系统下用Java还原MySQL数据库。部分代码如下：

```
String str="mysql -u root -phuang test < C:/test.sql";
                                             //将mysql命令的语句赋值给str
Runtime rt=Runtime.getRuntime();             //创建Runtime对象
rt.exec("cmd/c"+str);                        //调用exec()函数
```

上面的代码可以将"C:\"目录下的test.sql文件中的数据还原到数据库test中。在Windows 操作系统下一定要加上cmd/c。

实验20　绘制E-R图

E-R图也称实体—联系图（entity relationship diagram），提供了表示实体类型、属性和联系的方法，它是描述现实世界关系概念模型的有效方法，也是表示概念关系模型的一种方式。构成E-R图的3个基本要素是实体型、属性和联系。

（1）实体型：一般认为，客观上可以相互区分的事物就是实体，实体可以是具体的人和物，也可以是抽象的概念与联系。关键在于一个实体能与另一个实体相区别，具有相同属性的实体具有相同的特征和性质。实体名及其属性名集合用来抽象和刻画同类实体。在E-R图中用矩形表示，矩形框内写明实体名，比如学生张三、学生李四都是实体。如果是弱实体，在矩形外面再套实线矩形。

（2）属性：实体所具有的某一特性。一个实体可用若干个属性来刻画。属性不能脱离实体，属性是相对实体而言的。在E-R图中用椭圆形表示属性，并用无向边将其与相应的实体连接起来，比如学生的姓名、学号、性别都是属性。如果是多值属性，在椭圆形外面再套实线椭圆；如果是派生属性，则用虚线椭圆表示。

（3）联系：联系也称关系，在信息世界中用于反映实体内部或实体之间的关联。实体内部的联系通常是指组成实体的各属性之间的联系；实体之间的联系通常是指不同实体集之间的联系。在E-R图中用菱形表示联系，菱形框内写明联系名，并用无向边分别与有关实体连接起来，同时在无向边旁标上联系的类型（1∶1、1∶n或m∶n）。比如老师给学生授课存在授课关系，学生选课存在选课关系。如果是弱实体的联系，则在菱形外面再套菱形。

实体—联系数据模型中的联系型存在3种一般性约束：一对一约束（联系）、一对多约束（联系）和多对多约束（联系），它们用来描述实体集之间的数量约束。

1. 一对一联系（1∶1）

对于两个实体集A和B，若A中的每个值在B中至多有一个实体值与之对应，反之亦然，则称实体集A和B具有一对一的联系。

比如，一个学校只有一个正校长，而一个校长只在一个学校中任职，则学校与校长之间具有一对一的联系。

2. 一对多联系（1∶n）

对于两个实体集A和B，若A中的每个值在B中有多个实体值与之对应，反之B中每个实体值在A中至多有一个实体值与之对应，则称实体集A和B具有一对多的联系。

例如，某校教师与课程之间存在一对多的联系——“教”，即每位教师可以教多门课程，但是每门课程只能由一位教师来教。再比如，一个专业中有若干名学生，而每个学生只在一个专业中学习，则专业与学生之间具有一对多的联系。

3. 多对多联系（$m:n$）

对于两个实体集A和B，若A中每一个实体值在B中有多个实体值与之对应，反之亦然，则称实体集A与实体集B具有多对多联系。

例如，表示学生与课程间的联系“选修”是多对多的，即一个学生可以学多门课程，而每门课程可以有多个学生来学。联系也可能有属性，例如，学生“选修”某门课程所取得的成绩，既不是学生的属性，也不是课程的属性。由于“成绩”既依赖于某名特定的学生又依赖于某门特定的课程，所以它是学生与课程之间的联系“选修”的属性。

实际上，一对一联系是一对多联系的特例，而一对多联系又是多对多联系的特例。联系是随着数据库语义而改变的，假如有如下3种语义规定：

一个部门有一个经理，而每个经理只在一个部门任职，则部门与经理的联系是一对一的。

一个员工可以同时是多个部门的经理，而一个部门只能有一个经理，则这种规定下“员工”与“部门”之间的“管理”联系就是$1:n$的联系了。

一个员工可以同时在多个部门工作，而一个部门有多个员工在其中工作，则“员工”与“部门”的“工作”联系为$m:n$联系。

【练习】

完成如下内容。

用E-R图表示某个工厂物资管理的概念模型。

实体如下。

- 仓库：仓库号、面积、电话号码。
- 零件：零件号、名称、规格、单价、描述。
- 供应商：供应商号、姓名、地址、电话号码、账号。
- 项目：项目号、预算、开工日期。
- 职工：职工号、姓名、年龄、职称。

实体之间的联系如下。

（1）一个仓库可以存放多种零件，一种零件可以存放在多个仓库中。仓库和零件具有多对多的联系。用库存量来表示某种零件在某个仓库中的数量。

（2）一个仓库有多个职工当仓库保管员，一个职工只能在一个仓库工作，仓库和职工之间是一对多的联系。职工实体型中具有一对多的联系。

（3）职工之间具有领导及被领导关系，即仓库主任领导若干个保管员。

（4）供应商、项目和零件三者之间具有多对多的联系。

附录　实验所需的表数据

本书中的实验（实验10至实验13除外），均需要用到学生信息表student、课程信息表course、选课表slt_course和院系信息表dept。为保证数据的一致性，在做完前一个实验之后，需要将以上4张表的数据恢复到初始状态，再进行下一个实验的练习，以免实验中因数据的更改而影响后面的练习，造成数据不一致的问题。用到的表数据见附表1~附表4。

附表1　student表的数据

st_id	st_nm	st_sex	st_birth	st_score	st_date	st_from	st_dpid	st_mnt
1901001	张晓明	男	2000/2/5	450	2019/9/1	四川成都	11	班长
1902105	马丽	女	1999/5/16	420	2019/9/1	四川巴中	13	
1803006	陈兵	男	1999/8/3	412	2019/9/1	四川宜宾	12	学习委员
1702103	李云霞	女	2020/10/8	390	2019/9/1	四川宜宾	13	
1901003	张飞	男	2020/3/9	432	2019/9/1	四川达州	11	
1704007	赵勇	男	2020/6/1	425	2019/9/1	四川阿坝州	15	
1905006	张明敏	女	2020/5/26	395	2019/9/1	四川达州	16	
1904108	王伶俐	女	2020/5/9	411	2019/9/1	四川巴中	15	

注：学号前两位为班级号。

附表2　course表的数据

cs_id	cs_nm	cs_tm	cs_sc
101	Java程序设计	56	2
102	MySQL数据库	64	3
103	数据结构	72	2
104	计算机网络基础	48	2
105	计算机基础	48	2

附表3　slt_course表的数据

cs_id	st_id	score	sltdate
101	1901001	86	2020/9/9
102	1902105	78	2020/9/8
101	1905006	82	2020/9/9
103	1803006	85	2020/9/8
101	1704007	76	2020/9/9
104	1901001	75	2020/9/9
101	1902105	83	2020/9/8
102	1704007		2020/9/8

附表4　dept表的数据

dp_id	dp_nm	dp_drt	dp_tel
11	计科系	李琦宇	81234567
12	电子系	王峰	87654321
13	管理系	柳思	85623147
15	飞行器系	赵晓光	86655422
16	空乘系	张萌	82475869

参考答案

实验1　操作数据库

（1）查看数据库系统中已经存在的数据库。

```
show databases;
```

提示：命令后面的图片表示命令执行的结果。

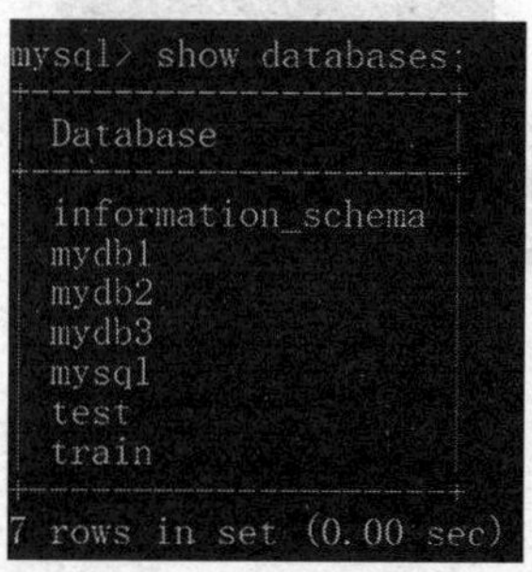

（2）创建st数据库和ht数据库。

```
create database st;
create database ht;
```

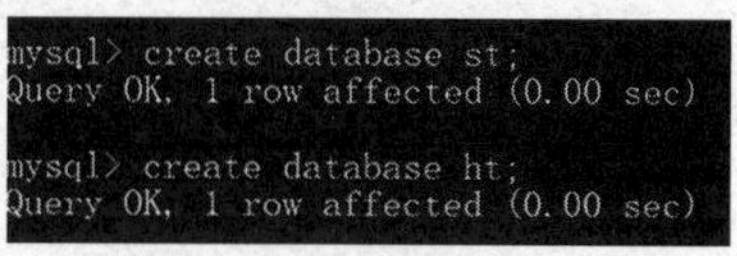

（3）再次查看数据库系统中已经存在的数据库。

```
show databases;
```

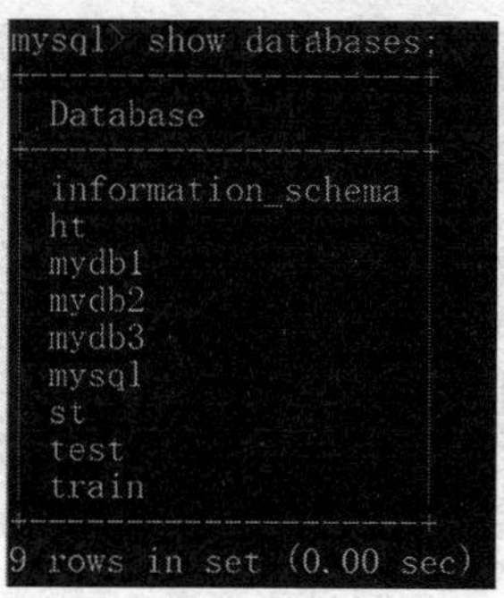

(4) 删除ht数据库。

```
drop database ht;
```

```
mysql> drop database ht;
Query OK, 0 rows affected (0.01 sec)
```

(5) 再次查看数据库系统中已经存在的数据库，确保ht数据库已经删除。

```
show databases;
```

```
mysql> show databases;
+--------------------+
| Database           |
+--------------------+
| information_schema |
| books              |
| exam               |
| expe               |
| girls              |
| myemployees        |
| mysql              |
| st                 |
| student            |
| test               |
+--------------------+
```

实验2　操作表及设置约束

(1) 创建学生信息表student。

```
create table student(
    st_id varchar(10) not null,
    st_nm varchar(10) not null,
    st_sex char(2),
    st_birth date,
    st_score int,
    st_date date,
    st_from varchar(50),
    st_dpid char(6),
    st_mnt varchar(20),
    primary key(st_id)
);
```

```
mysql> create table student(
    -> st_id varchar(10) not null,
    -> st_nm varchar(10) not null,
    -> st_sex char(2),
    -> st_birth date,
    -> st_score int,
    -> st_date date,
    -> st_from varchar(50),
    -> st_dpid char(6),
    -> st_mnt varchar(20),
    -> primary key(st_id)
    -> );
Query OK, 0 rows affected (0.01 sec)
```

（2）创建课程信息表course。

```
create table course(
    cs_id varchar(10) not null,
    cs_nm varchar(10) not null,
    cs_tm int,
    cs_sc int,
    primary key(cs_id)
);
```

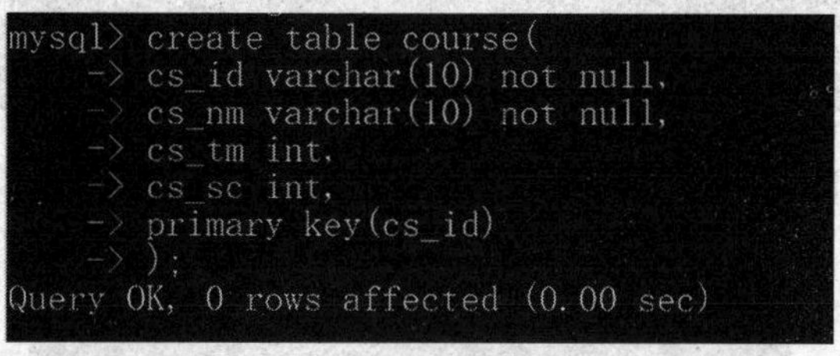

（3）创建选课信息表slt_course。

```
create table slt_course(
    cs_id char(4) not null,
    st_id char(9) not null,
    score int,
    sltdate date,
    constraint fk_1 foreign key (cs_id) references course (cs_id),
    constraint fk_2 foreign key (st_id) references student (st_id)
);
```

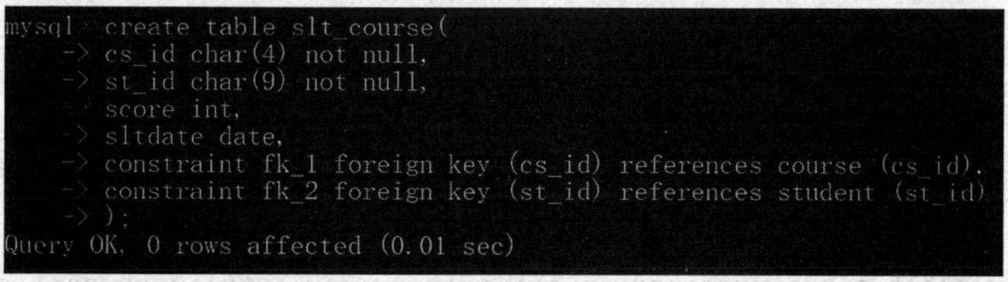

（4）创建院系信息表dept。

```
create table dept (
    dp_id char(2) not null,
    dp_nm varchar(20) not null,
    dp_drt char(10),
    dp_tel char(12),
    unique key dp_id (dp_id)
);
```

```
mysql> create table dept (
    -> dp_id char(2) not null,
    -> dp_nm varchar(20) not null,
    -> dp_drt char(10),
    -> dp_tel char(12),
    -> unique key dp_id (dp_id)
    -> );
Query OK, 0 rows affected (0.01 sec)
```

(5) 将dept表中的dp_id列设置为主键。

```
alter table dept add primary key (dp_id);
```

```
mysql> alter table dept add primary key (dp_id);
Query OK, 0 rows affected (0.01 sec)
Records: 0  Duplicates: 0  Warnings: 0
```

(6) 将dept表中的dp_nm列设置为唯一性约束。

```
alter table dept add unique (dp_id);
```

```
mysql> alter table dept add unique (dp_id);
Query OK, 0 rows affected (0.01 sec)
Records: 0  Duplicates: 0  Warnings: 0
```

(7) 将student表中的st_sex字段的默认值设置为“男”。

```
alter table student alter column st_sex set default "男";
```

```
mysql> alter table student alter column st_sex set default "男";
Query OK, 0 rows affected (0.01 sec)
Records: 0  Duplicates: 0  Warnings: 0
```

(8) 将student表中的st_sex分段的属性改为not null。

```
alter table student modify st_sex char(2) not null;
```

```
mysql> alter table student modify st_sex char(2) not null;
Query OK, 0 rows affected (0.02 sec)
Records: 0  Duplicates: 0  Warnings: 0
```

(9) 向slt_course表中添加一个字段id，设置id字段的属性值自动增加。第一行的默认值为1，相邻两个标识之间的增量为1。

```
alter table slt_course add id int primary key auto_increment;
```

```
mysql> alter table slt_course add id int primary key auto_increment;
Query OK, 0 rows affected (0.01 sec)
Records: 0  Duplicates: 0  Warnings: 0
```

实验3 修改数据表

(1) 查看dept表的表结构。

```
desc dept;
```

```
mysql> desc dept;
+--------+-------------+------+-----+---------+-------+
| Field  | Type        | Null | Key | Default | Extra |
+--------+-------------+------+-----+---------+-------+
| deptno | varchar(10) | NO   | PRI |         |       |
| dname  | varchar(10) | YES  |     | NULL    |       |
+--------+-------------+------+-----+---------+-------+
2 rows in set (0.01 sec)
```

（2）为dept表添加dp_count字段，数据类型为varchar，长度为3，允许为空。

```
alter table dept add dp_count varchar(3);
```

```
mysql> alter table dept add dp_count varchar(3);
Query OK, 0 rows affected (0.02 sec)
Records: 0  Duplicates: 0  Warnings: 0
```

（3）修改dept表的dp_count字段数据类型为int。

```
alter table dept modify dp_count int;
```

```
mysql> alter table dept modify dp_count int;
Query OK, 0 rows affected (0.01 sec)
Records: 0  Duplicates: 0  Warnings: 0
```

（4）将dp_count字段的位置调整到dp_id字段的后面。

```
alter table dept modify dp_count int after dp_id;
```

```
mysql> alter table dept modify dp_count int after dp_id;
Query OK, 0 rows affected (0.01 sec)
Records: 0  Duplicates: 0  Warnings: 0
```

（5）将dp_count字段的字段名改为dp_cnt。

```
alter table dept change dp_count dp_cnt int;
```

```
mysql> alter table dept change dp_count dp_cnt int;
Query OK, 0 rows affected (0.02 sec)
Records: 0  Duplicates: 0  Warnings: 0
```

（6）删除dept表的dp_cnt字段。

```
alter table dept  drop dp_cnt;
```

```
mysql> alter table dept  drop dp_cnt;
Query OK, 0 rows affected (0.01 sec)
Records: 0  Duplicates: 0  Warnings: 0
```

（7）再次查看dept表的表结构。

```
desc dept;
```

```
mysql> desc dept;
+--------+-------------+------+-----+---------+-------+
| Field  | Type        | Null | Key | Default | Extra |
+--------+-------------+------+-----+---------+-------+
| dp_id  | char(2)     | NO   | PRI | NULL    |       |
| dp_nm  | varchar(20) | NO   |     | NULL    |       |
| dp_drt | char(10)    | YES  |     | NULL    |       |
| dp_tel | char(12)    | YES  |     | NULL    |       |
+--------+-------------+------+-----+---------+-------+
4 rows in set, 4 warnings (0.01 sec)
```

(8) 将dept表改名为department。

```
alter table dept rename department;
```

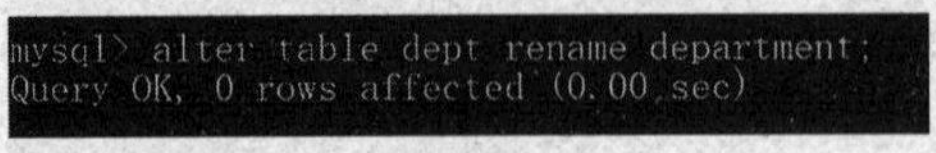

(9) 将slt_course表的字段id删除。

```
alter table slt_course drop id;
```

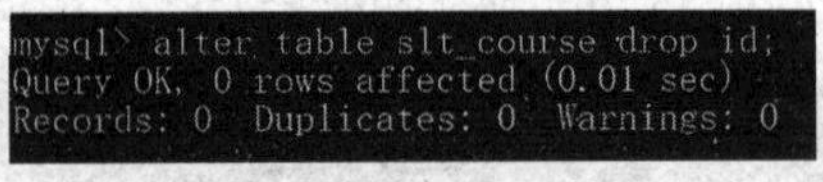

实验4　更新数据

(1) 向student表中插入记录。

```
insert into student values ('1702103', '李云霞', '女',
'2020-10-08', 390,'2019-09-01',null,'13',null);
insert into student values ('1704007', '赵勇', '男',
'2020-06-01', 425, '2019-09-01', '四川阿坝州', '15', null);
insert into student values ('1803006', '陈兵', '男',
'1999-08-03', 412, '2019-09-01', '四川宜宾', '12', '学习委员');
insert into student values ('1901001', '张晓明', '男',
'2000-02-05', 450, '2019-09-01', '四川成都', '11', '班长');
insert into student values ('1901003', '张飞', '男',
'2020-03-09', 432, '2019-09-01', '四川达州', '11', null);
insert into student values ('1902105', '马丽', '女',
'1999-05-16', 420, '2019-09-01', '四川巴中', '13', null);
insert into student values ('1904108', '王伶俐', '女',
'2020-05-09', 411, '2019-09-01', '四川巴中', '15', null);
insert into student values ('1905006', '张明敏', '女',
'2020-05-26', 395, '2019-09-01', '四川达州', '16', null);
```

（2）向course表中插入记录。

```
insert into course values ('101', 'Java程序设计', 56, 2);
insert into course values ('102', 'MySQL数据库', 64, 3);
insert into course values ('103', '数据结构', 72, 2);
insert into course values ('104', '计算机网络基础', 48, 2);
insert into course values ('105', '计算机基础', 48, 2);
```

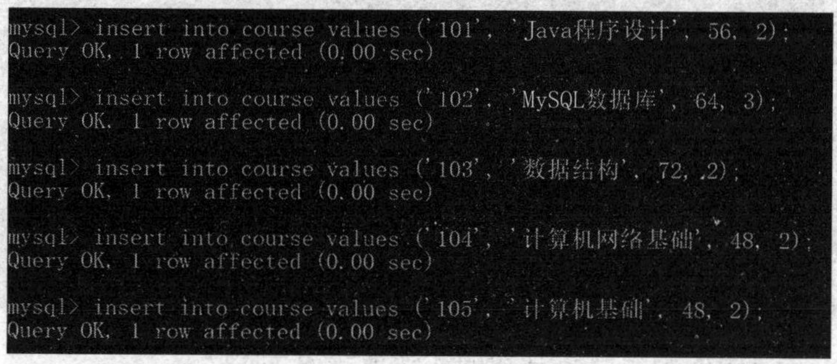

（3）向slt_course表中插入记录。

```
insert into slt_course values ('101','1704007', 76, '2020-09-09');
insert into slt_course values ('102','1704007', null, '2020-09-08');
insert into slt_course values ('103','1803006', 85, '2020-09-08');
insert into slt_course values ('101','1901001', 86, '2020-09-09');
insert into slt_course values ('104','1901001', 75, '2020-09-09');
insert into slt_course values ('101','1902105', 83, '2020-09-08');
insert into slt_course values ('102','1902105', 78, '2020-09-08');
insert into slt_course values ('101','1905006', 82, '2020-09-09');
```

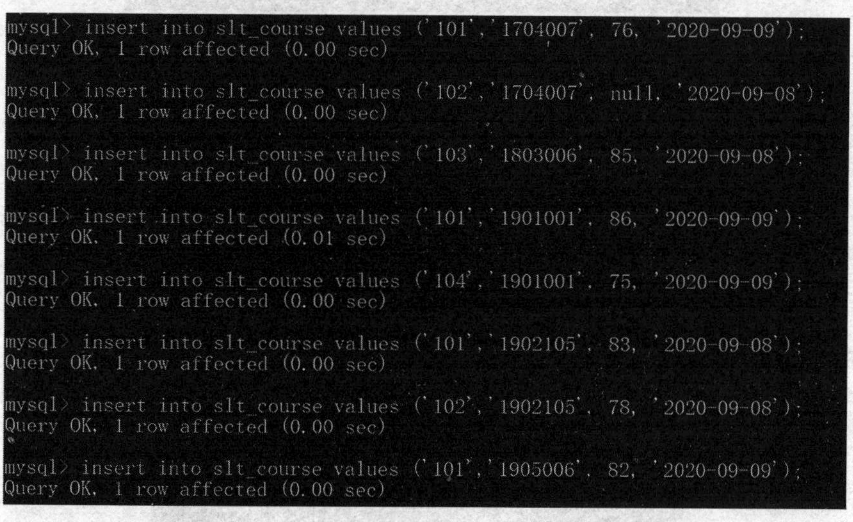

（4）向dept表中插入记录。

```
insert into dept values ('11', '计科系', '李琦宇', '81234567');
```

```
insert into dept values ('12', '电子系', '王峰', '87654321');
insert into dept values ('13', '管理系', '柳思', '85623147');
insert into dept values ('15', '飞行器系', '赵晓光', '86655422');
insert into dept values ('16', '空乘系', '张萌', '82475869');
```

```
mysql> insert into dept values ('11', '计科系', '李琦宇', '81234567');
Query OK, 1 row affected (0.00 sec)

mysql> insert into dept values ('12', '电子系', '王峰', '87654321');
Query OK, 1 row affected (0.00 sec)

mysql> insert into dept values ('13', '管理系', '柳思', '85623147');
Query OK, 1 row affected (0.00 sec)

mysql> insert into dept values ('15', '飞行器系', '赵晓光', '86655422');
Query OK, 1 row affected (0.00 sec)

mysql> insert into dept values ('16', '空乘系', '张萌', '82475869');
Query OK, 1 row affected (0.00 sec)
```

（5）修改student表的记录，将马丽的入学成绩改为422。

```
update student set st_score=422 where st_id=1902105;
```

```
mysql> update student set st_score=422 where st_id=1902105;
Query OK, 1 row affected (0.00 sec)
Rows matched: 1  Changed: 1  Warnings: 0
```

（6）将course表中所有课程的学时改为64，学分改为4。

```
update course set cs_tm=64, cs_sc=4;
```

```
mysql> update course set cs_tm=64, cs_sc=4;
Query OK, 5 rows affected (0.01 sec)
Rows matched: 5  Changed: 5  Warnings: 0
```

（7）将slt_course表中学号为1901001的学生的101号课程的成绩改为87。

```
update slt_course set score=87
where cs_id=101 and st_id=1901001;
```

```
mysql> update slt_course set score=87
    -> where cs_id=101 and st_id=1901001;
Query OK, 0 rows affected (0.00 sec)
Rows matched: 1  Changed: 0  Warnings: 0
```

（8）修改管理系主任的联系电话为86677223。

```
update dept set dp_tel=86677223
where dp_nm='管理系';
```

```
mysql> update dept set dp_tel=86677223
    -> where dp_nm='管理系';
Query OK, 1 row affected (0.00 sec)
Rows matched: 1  Changed: 1  Warnings: 0
```

（9）删除“张飞”的相关记录。

```
delete from student where st_nm='张飞';
```

```
mysql> delete from student where st_nm='张飞';
Query OK, 1 row affected (0.00 sec)
```

实验5　数据查询——单表查询

（1）查询student表中所有学生的信息。

```
select * from student;
```

```
mysql> select * from student;
+---------+--------+--------+------------+----------+------------+------------+---------+----------+
| st_id   | st_nm  | st_sex | st_birth   | st_score | st_date    | st_from    | st_dpid | st_mnt   |
+---------+--------+--------+------------+----------+------------+------------+---------+----------+
| 1702103 | 李云霞 | 女     | 2000-10-08 |      390 | 2019-09-01 | NULL       | 13      | NULL     |
| 1704007 | 赵勇   | 男     | 2000-06-01 |      425 | 2019-09-01 | 四川阿坝州 | 15      | NULL     |
| 1803006 | 陈兵   | 男     | 1999-08-03 |      412 | 2019-09-01 | 四川宜宾   | 12      | 学习委员 |
| 1901001 | 张晓明 | 男     | 2000-02-05 |      450 | 2019-09-01 | 四川成都   | 11      | 班长     |
| 1902105 | 马丽   | 女     | 1999-05-16 |      422 | 2019-09-01 | 四川巴中   | 13      | NULL     |
| 1904108 | 王伶俐 | 女     | 2000-05-09 |      411 | 2019-09-01 | 四川巴中   | 15      | NULL     |
| 1905006 | 张明敏 | 女     | 2000-05-26 |      395 | 2019-09-01 | 四川达州   | 16      | NULL     |
+---------+--------+--------+------------+----------+------------+------------+---------+----------+
7 rows in set (0.00 sec)
```

（2）查询所有学生的学号、姓名和来源。

```
select st_id,st_nm,st_from from student;
```

```
mysql> select st_id,st_nm,st_from from student;
+---------+--------+------------+
| st_id   | st_nm  | st_from    |
+---------+--------+------------+
| 1702103 | 李云霞 |            |
| 1704007 | 赵勇   | 四川阿坝州 |
| 1803006 | 陈兵   | 四川宜宾   |
| 1901001 | 张晓明 | 四川成都   |
| 1901003 | 张飞   | 四川达州   |
| 1902105 | 马丽   | 四川巴中   |
| 1904108 | 王伶俐 | 四川巴中   |
| 1905006 | 张明敏 | 四川达州   |
+---------+--------+------------+
8 rows in set (0.00 sec)
```

（3）查询所有课程的信息，给每门课程的学分加1。

```
select cs_id,cs_nm,cs_tm,cs_sc+1 from course;
```

```
mysql> select cs_id,cs_nm,cs_tm,cs_sc+1 from course;
+-------+----------------+-------+---------+
| cs_id | cs_nm          | cs_tm | cs_sc+1 |
+-------+----------------+-------+---------+
| 101   | Java程序设计   |    56 |       3 |
| 102   | MySQL数据库    |    64 |       4 |
| 103   | 数据结构       |    72 |       3 |
| 104   | 计算机网络基础 |    48 |       3 |
| 105   | 计算机基础     |    48 |       3 |
+-------+----------------+-------+---------+
5 rows in set (0.00 sec)
```

（4）查询所有学生的成绩信息，成绩以“score*0.7”显示出来。

```
select cs_id,st_id,sltdate,score*0.7 from slt_course;
```

```
mysql> select cs_id,st_id,sltdate,score*0.7 from slt_course;
+-------+---------+------------+-----------+
| cs_id | st_id   | sltdate    | score*0.7 |
+-------+---------+------------+-----------+
| 101   | 1704007 | 2020-09-09 |      53.2 |
| 102   | 1704007 | 2020-09-08 |      NULL |
| 103   | 1803006 | 2020-09-08 |      59.5 |
| 101   | 1901001 | 2020-09-09 |      60.9 |
| 104   | 1901001 | 2020-09-09 |      52.5 |
| 101   | 1902105 | 2020-09-08 |      58.1 |
| 102   | 1902105 | 2020-09-08 |      54.6 |
| 101   | 1905006 | 2020-09-09 |      57.4 |
+-------+---------+------------+-----------+
8 rows in set (0.00 sec)
```

（5）重命名查询结果。

① 使用as关键字为dept表中如下属性指定字段名：系号、系名、系主任、联系电话。

```
select dp_id as "系号",dp_nm as "系名",
dp_drt as "系主任",
dp_tel as "联系电话" from dept;
```

```
mysql> select dp_id as "系号",dp_nm as "系名",
    -> dp_drt as "系主任",
    -> dp_tel as "联系电话" from dept;
+------+----------+--------+----------+
| 系号 | 系名     | 系主任 | 联系电话 |
+------+----------+--------+----------+
| 11   | 计科系   | 李琦宇 | 81234567 |
| 12   | 电子系   | 王峰   | 87654321 |
| 13   | 管理系   | 柳思   | 86677223 |
| 15   | 飞行器系 | 赵晓光 | 86655422 |
| 16   | 空乘系   | 张萌   | 82475869 |
+------+----------+--------+----------+
5 rows in set (0.00 sec)
```

② 使用空格为dept表中如下属性指定字段名：系号、系名、系主任、联系电话。

```
select dp_id "系号",dp_nm "系名",
dp_drt "系主任",
dp_tel "联系电话" from dept;
```

```
mysql> select dp_id "系号",dp_nm "系名",
    -> dp_drt "系主任",
    -> dp_tel "联系电话" from dept;
+------+----------+--------+----------+
| 系号 | 系名     | 系主任 | 联系电话 |
+------+----------+--------+----------+
| 11   | 计科系   | 李琦宇 | 81234567 |
| 12   | 电子系   | 王峰   | 87654321 |
| 13   | 管理系   | 柳思   | 86677223 |
| 15   | 飞行器系 | 赵晓光 | 86655422 |
| 16   | 空乘系   | 张萌   | 82475869 |
+------+----------+--------+----------+
5 rows in set (0.00 sec)
```

（6）查询所有学生的学号、姓名、性别、班级（学号前两位为班级号）。

```
select st_id,st_nm, st_sex,
left(st_id, 2) as 班级
from student;
```

```
mysql> select st_id,st_nm, st_sex,
    -> left(st_id, 2) as 班级
    -> from student;
+---------+--------+--------+------+
| st_id   | st_nm  | st_sex | 班级 |
+---------+--------+--------+------+
| 1702103 | 李云霞 | 女     | 17   |
| 1704007 | 赵勇   | 男     | 17   |
| 1803006 | 陈兵   | 男     | 18   |
| 1901001 | 张晓明 | 男     | 19   |
| 1902105 | 马丽   | 女     | 19   |
| 1904108 | 王伶俐 | 女     | 19   |
| 1905006 | 张明敏 | 女     | 19   |
+---------+--------+--------+------+
7 rows in set (0.00 sec)
```

（7）查询所有男生的信息。

```
select * from student where st_sex='男';
```

```
mysql> select * from student where st_sex='男';
+---------+--------+--------+------------+----------+------------+------------+---------+----------+
| st_id   | st_nm  | st_sex | st_birth   | st_score | st_date    | st_from    | st_dpid | st_mnt   |
+---------+--------+--------+------------+----------+------------+------------+---------+----------+
| 1704007 | 赵勇   | 男     | 2000-06-01 |      425 | 2019-09-01 | 四川阿坝州 | 15      | NULL     |
| 1803006 | 陈兵   | 男     | 1999-08-03 |      412 | 2019-09-01 | 四川宜宾   | 12      | 学习委员 |
| 1901001 | 张晓明 | 男     | 2000-02-05 |      450 | 2019-09-01 | 四川成都   | 11      | 班长     |
+---------+--------+--------+------------+----------+------------+------------+---------+----------+
```

（8）查询来自四川达州的女生的信息。

```
select * from student
where st_from='四川达州' and st_sex='女';
```

```
mysql> select * from student
    -> where st_from='四川达州' and st_sex='女';
+---------+--------+--------+------------+----------+------------+----------+---------+--------+
| st_id   | st_nm  | st_sex | st_birth   | st_score | st_date    | st_from  | st_dpid | st_mnt |
+---------+--------+--------+------------+----------+------------+----------+---------+--------+
| 1905006 | 张明敏 | 女     | 2000-05-26 |      395 | 2019-09-01 | 四川达州 | 16      | NULL   |
+---------+--------+--------+------------+----------+------------+----------+---------+--------+
1 row in set (0.00 sec)
```

（9）查询学分为3的课程的信息。

```
select * from course where cs_sc=3;
```

```
mysql> select * from course where cs_sc=3;
+-------+-------------+-------+-------+
| cs_id | cs_nm       | cs_tm | cs_sc |
+-------+-------------+-------+-------+
| 102   | MySQL数据库 |    64 |     3 |
+-------+-------------+-------+-------+
1 row in set (0.00 sec)
```

（10）查询成绩在80分以上的学生的学号。

```
select st_id from slt_course where (score>80);
```

```
mysql> select st_id from slt_course where (score>80);
+---------+
| st_id   |
+---------+
| 1803006 |
| 1901001 |
| 1902105 |
| 1905006 |
+---------+
4 rows in set (0.00 sec)
```

（11）查询来自四川达州和四川巴中的学生的信息。

```
select * from student
where (st_from='四川达州' or st_from='四川巴中');
```

```
mysql> select * from student
    -> where (st_from='四川达州' or st_from='四川巴中');
+---------+--------+--------+------------+----------+------------+----------+---------+--------+
| st_id   | st_nm  | st_sex | st_birth   | st_score | st_date    | st_from  | st_dpid | st_mnt |
+---------+--------+--------+------------+----------+------------+----------+---------+--------+
| 1902105 | 马丽   | 女     | 1999-05-16 |      422 | 2019-09-01 | 四川巴中 | 13      | NULL   |
| 1904108 | 王伶俐 | 女     | 2000-05-09 |      411 | 2019-09-01 | 四川巴中 | 15      | NULL   |
| 1905006 | 张明敏 | 女     | 2000-05-26 |      395 | 2019-09-01 | 四川达州 | 16      | NULL   |
+---------+--------+--------+------------+----------+------------+----------+---------+--------+
3 rows in set (0.00 sec)
```

（12）查询来自四川达州和四川巴中的女生的信息。

```
select * from student
where (st_from='四川达州' or st_from='四川巴中')
and st_sex='女';
```

```
mysql> select * from student
    -> where (st_from='四川达州' or st_from='四川巴中')
    -> and st_sex='女';
+---------+--------+--------+------------+----------+------------+----------+---------+--------+
| st_id   | st_nm  | st_sex | st_birth   | st_score | st_date    | st_from  | st_dpid | st_mnt |
+---------+--------+--------+------------+----------+------------+----------+---------+--------+
| 1902105 | 马丽   | 女     | 1999-05-16 |      422 | 2019-09-01 | 四川巴中 | 13      | NULL   |
| 1904108 | 王伶俐 | 女     | 2000-05-09 |      411 | 2019-09-01 | 四川巴中 | 15      | NULL   |
| 1905006 | 张明敏 | 女     | 2000-05-26 |      395 | 2019-09-01 | 四川达州 | 16      | NULL   |
+---------+--------+--------+------------+----------+------------+----------+---------+--------+
3 rows in set (0.02 sec)
```

（13）使用like关键字查询。

① 查询“计算机”开头的课程的信息。

```
select * from course where cs_nm like '计算机%';
```

```
mysql> select * from course where cs_nm like '计算机%';
+-------+--------------+-------+-------+
| cs_id | cs_nm        | cs_tm | cs_sc |
+-------+--------------+-------+-------+
| 104   | 计算机网络基础 |    48 |     2 |
| 105   | 计算机基础     |    48 |     2 |
+-------+--------------+-------+-------+
2 rows in set (0.01 sec)
```

② 查询所有姓“张”的学生的信息。

```
select * from student where st_nm like '张%';
```

```
mysql> select * from student where st_nm like '张%';
+---------+--------+--------+------------+----------+------------+----------+---------+--------+
| st_id   | st_nm  | st_sex | st_birth   | st_score | st_date    | st_from  | st_dpid | st_mnt |
+---------+--------+--------+------------+----------+------------+----------+---------+--------+
| 1901001 | 张晓明 | 男     | 2000-02-05 |      450 | 2019-09-01 | 四川成都 | 11      | 班长   |
| 1905006 | 张明敏 | 女     | 2000-05-26 |      395 | 2019-09-01 | 四川达州 | 16      | NULL   |
+---------+--------+--------+------------+----------+------------+----------+---------+--------+
2 rows in set (0.00 sec)
```

③ 查询所有名字为三个字且姓“张”的学生的信息。

```
select * from student where st_nm like '张__';
```

```
mysql> select * from student where st_nm like '张__';
+---------+--------+--------+------------+----------+------------+----------+---------+--------+
| st_id   | st_nm  | st_sex | st_birth   | st_score | st_date    | st_from  | st_dpid | st_mnt |
+---------+--------+--------+------------+----------+------------+----------+---------+--------+
| 1901001 | 张晓明 | 男     | 2000-02-05 |      450 | 2019-09-01 | 四川成都 | 11      | 班长   |
| 1905006 | 张明敏 | 女     | 2000-05-26 |      395 | 2019-09-01 | 四川达州 | 16      | NULL   |
+---------+--------+--------+------------+----------+------------+----------+---------+--------+
2 rows in set (0.00 sec)
```

④ 查询所有课程中包含“数据”的课程的信息。

```
select * from course where cs_nm like '%数据%';
```

```
mysql> select * from course where cs_nm like '%数据%';
+-------+-------------+-------+-------+
| cs_id | cs_nm       | cs_tm | cs_sc |
+-------+-------------+-------+-------+
| 102   | MySQL数据库 |    64 |     3 |
| 103   | 数据结构    |    72 |     2 |
+-------+-------------+-------+-------+
2 rows in set (0.00 sec)
```

(14) 使用in关键字查询

① 查询11系、12系、13系学生的信息。

```
select * from student
where st_dpid in ('11', '12','13');
```

```
mysql> select * from student
    -> where st_dpid in ('11','12','13');
+---------+--------+--------+------------+----------+------------+----------+---------+----------+
| st_id   | st_nm  | st_sex | st_birth   | st_score | st_date    | st_from  | st_dpid | st_mnt   |
+---------+--------+--------+------------+----------+------------+----------+---------+----------+
| 1702103 | 李云霞 | 女     | 2000-10-08 |      390 | 2019-09-01 | NULL     | 13      | NULL     |
| 1803006 | 陈兵   | 男     | 1999-08-03 |      412 | 2019-09-01 | 四川宜宾 | 12      | 学习委员 |
| 1901001 | 张晓明 | 男     | 2000-02-05 |      450 | 2019-09-01 | 四川成都 | 11      | 班长     |
| 1902105 | 马丽   | 女     | 1999-05-16 |      422 | 2019-09-01 | 四川巴中 | 13      | NULL     |
+---------+--------+--------+------------+----------+------------+----------+---------+----------+
4 rows in set (0.02 sec)
```

② 查询所有姓“张”、姓“王”、姓“李”、姓“赵”的学生的信息。(答案不唯一)

```
select * from student where left(st_nm,1)
in ('张','王','李',' 赵');
```

```
mysql> select * from student where left(st_nm,1)
    -> in ('张','王','李','赵');
+---------+--------+--------+------------+----------+------------+----------+---------+--------+
| st_id   | st_nm  | st_sex | st_birth   | st_score | st_date    | st_from  | st_dpid | st_mnt |
+---------+--------+--------+------------+----------+------------+----------+---------+--------+
| 1702103 | 李云霞 | 女     | 2000-10-08 |      390 | 2019-09-01 | NULL     | 13      | NULL   |
| 1901001 | 张晓明 | 男     | 2000-02-05 |      450 | 2019-09-01 | 四川成都 | 11      | 班长   |
| 1904108 | 王伶俐 | 女     | 2000-05-09 |      411 | 2019-09-01 | 四川巴中 | 15      | NULL   |
| 1905006 | 张明敏 | 女     | 2000-05-26 |      395 | 2019-09-01 | 四川达州 | 16      | NULL   |
+---------+--------+--------+------------+----------+------------+----------+---------+--------+
4 rows in set (0.00 sec)
```

（15）使用between...and...查询。

① 查询成绩为60~80的学生的学号。

```
select st_id from slt_course
where (score between 60 and 80);
```

```
mysql> select st_id from slt_course
    -> where (score between 60 and 80);
+---------+
| st_id   |
+---------+
| 1704007 |
| 1901001 |
| 1902105 |
+---------+
3 rows in set (0.00 sec)
```

② 查询选修了101课程，成绩为60~80的学生的学号。

```
select st_id from slt_course where cs_id='101'
and (score between 60 and 80);
```

```
mysql> select st_id from slt_course where cs_id='101'
    -> and (score between 60 and 80);
+---------+
| st_id   |
+---------+
| 1704007 |
+---------+
1 row in set (0.00 sec)
```

③ 查询在1999.7.1至2000.7.1出生的学生的信息。

```
select * from student
where st_birth
between '1999.7.1' and '2000.7.1';
```

```
mysql> select * from student
    -> where st_birth
    -> between '1999.7.1' and '2000.7.1';
+---------+--------+--------+------------+----------+------------+------------+---------+----------+
| st_id   | st_nm  | st_sex | st_birth   | st_score | st_date    | st_from    | st_dpid | st_mnt   |
+---------+--------+--------+------------+----------+------------+------------+---------+----------+
| 1704007 | 赵勇   | 男     | 2000-06-01 |      425 | 2019-09-01 | 四川阿坝州 | 15      | NULL     |
| 1803006 | 陈兵   | 男     | 1999-08-03 |      412 | 2019-09-01 | 四川宜宾   | 12      | 学习委员 |
| 1901001 | 张晓明 | 男     | 2000-02-05 |      450 | 2019-09-01 | 四川成都   | 11      | 班长     |
| 1904108 | 王伶俐 | 女     | 2000-05-09 |      411 | 2019-09-01 | 四川巴中   | 15      | NULL     |
| 1905006 | 张明敏 | 女     | 2000-05-26 |      395 | 2019-09-01 | 四川达州   | 16      | NULL     |
+---------+--------+--------+------------+----------+------------+------------+---------+----------+
5 rows in set (0.00 sec)
```

（16）使用[not] null关键字查询。

① 查询所有生源地为空的学生的信息。

```
select * from student where st_from is null;
```

```
mysql> select * from student where st_from is null;
+---------+--------+--------+------------+----------+------------+---------+---------+--------+
| st_id   | st_nm  | st_sex | st_birth   | st_score | st_date    | st_from | st_dpid | st_mnt |
+---------+--------+--------+------------+----------+------------+---------+---------+--------+
| 1702103 | 李云霞 | 女     | 2000-10-08 |      390 | 2019-09-01 | NULL    | 13      | NULL   |
+---------+--------+--------+------------+----------+------------+---------+---------+--------+
1 row in set (0.00 sec)
```

② 查询所有生源地非空的学生的信息。

```
select * from student
where st_from is not null;
```

```
mysql> select * from student
    -> where st_from is not null;
+---------+--------+--------+------------+----------+------------+------------+---------+----------+
| st_id   | st_nm  | st_sex | st_birth   | st_score | st_date    | st_from    | st_dpid | st_mnt   |
+---------+--------+--------+------------+----------+------------+------------+---------+----------+
| 1704007 | 赵勇   | 男     | 2000-06-01 |      425 | 2019-09-01 | 四川阿坝州 | 15      | NULL     |
| 1803006 | 陈兵   | 男     | 1999-08-03 |      412 | 2019-09-01 | 四川宜宾   | 12      | 学习委员 |
| 1901001 | 张晓明 | 男     | 2000-02-05 |      450 | 2019-09-01 | 四川成都   | 11      | 班长     |
| 1902105 | 马丽   | 女     | 1999-05-16 |      422 | 2019-09-01 | 四川巴中   | 13      | NULL     |
| 1904108 | 王伶俐 | 女     | 2000-05-09 |      411 | 2019-09-01 | 四川巴中   | 15      | NULL     |
| 1905006 | 张明敏 | 女     | 2000-05-26 |      395 | 2019-09-01 | 四川达州   | 16      | NULL     |
+---------+--------+--------+------------+----------+------------+------------+---------+----------+
6 rows in set (0.00 sec)
```

③ 查询成绩为空的学生的学号。

```
select st_id from slt_course
where score is null;
```

```
mysql> select st_id from slt_course
    -> where score is null;
+---------+
| st_id   |
+---------+
| 1704007 |
+---------+
1 row in set (0.00 sec)
```

④ 查询选修了102号课程且成绩为空的学生的信息。

```
select * from slt_course
where cs_id='102'
and score is null;
```

```
mysql> select * from slt_course
    -> where cs_id='102'
    -> and score is null;
+-------+---------+-------+------------+
| cs_id | st_id   | score | sltdate    |
+-------+---------+-------+------------+
| 102   | 1704007 | NULL  | 2020-09-08 |
+-------+---------+-------+------------+
1 row in set (0.00 sec)
```

实验6 查询排序

（1）按照年龄由小到大的顺序显示学生的信息。

```
select * from student order by st_dpid;
```

```
mysql> select * from student order by st_dpid;
+---------+--------+--------+------------+----------+------------+------------+---------+----------+
| st_id   | st_nm  | st_sex | st_birth   | st_score | st_date    | st_from    | st_dpid | st_mnt   |
+---------+--------+--------+------------+----------+------------+------------+---------+----------+
| 1901001 | 张晓明 | 男     | 2000-02-05 |      450 | 2019-09-01 | 四川成都   | 11      | 班长     |
| 1803006 | 陈兵   | 男     | 1999-08-03 |      412 | 2019-09-01 | 四川宜宾   | 12      | 学习委员 |
| 1702103 | 李云霞 | 女     | 2000-10-08 |      390 | 2019-09-01 | NULL       | 13      | NULL     |
| 1902105 | 马丽   | 女     | 1999-05-16 |      422 | 2019-09-01 | 四川巴中   | 13      | NULL     |
| 1704007 | 赵勇   | 男     | 2000-06-01 |      425 | 2019-09-01 | 四川阿坝州 | 15      | NULL     |
| 1904108 | 王伶俐 | 女     | 2000-05-09 |      411 | 2019-09-01 | 四川巴中   | 15      | NULL     |
| 1905006 | 张明敏 | 女     | 2000-05-26 |      395 | 2019-09-01 | 四川达州   | 16      | NULL     |
+---------+--------+--------+------------+----------+------------+------------+---------+----------+
7 rows in set (0.00 sec)
```

（2）查询课程信息，按照课程名称降序显示。

```
select * from course order by cs_nm desc;
```

```
mysql> select * from course order by cs_nm desc;
+-------+----------------+-------+-------+
| cs_id | cs_nm          | cs_tm | cs_sc |
+-------+----------------+-------+-------+
| 104   | 计算机网络基础 |    48 |     2 |
| 105   | 计算机基础     |    48 |     2 |
| 103   | 数据结构       |    72 |     2 |
| 102   | MySQL数据库    |    64 |     3 |
| 101   | Java程序设计   |    56 |     2 |
+-------+----------------+-------+-------+
5 rows in set (0.00 sec)
```

（3）查询选修了101课程的学生的学号，按成绩降序显示。

```
select * from slt_course where cs_id='101'
order by st_id desc;
```

```
mysql> select * from slt_course where cs_id='101'
    -> order by st_id desc;
+-------+---------+-------+------------+
| cs_id | st_id   | score | sltdate    |
+-------+---------+-------+------------+
| 101   | 1905006 |    82 | 2020-09-09 |
| 101   | 1902105 |    83 | 2020-09-08 |
| 101   | 1901001 |    87 | 2020-09-09 |
| 101   | 1704007 |    76 | 2020-09-09 |
+-------+---------+-------+------------+
4 rows in set (0.00 sec)
```

（4）查询11系学生的学号、姓名、年龄，按照年龄升序显示。

```
select st_id,st_nm,st_birth from student
where st_dpid='11' order by st_birth desc;
```

```
mysql> select st_id,st_nm,st_birth from student
    -> where st_dpid='11' order by st_birth desc;
+---------+--------+------------+
| st_id   | st_nm  | st_birth   |
+---------+--------+------------+
| 1901001 | 张晓明 | 2000-02-05 |
+---------+--------+------------+
1 row in set (0.00 sec)
```

（5）查询课程信息，按照课程的学分降序排列，再按照课程名称升序排列。

```
select * from course order by cs_sc desc;
```

```
mysql> select * from course order by cs_sc desc;
+-------+----------------+-------+-------+
| cs_id | cs_nm          | cs_tm | cs_sc |
+-------+----------------+-------+-------+
| 102   | MySQL数据库    |    64 |     3 |
| 101   | Java程序设计   |    56 |     2 |
| 103   | 数据结构       |    72 |     2 |
| 104   | 计算机网络基础 |    48 |     2 |
| 105   | 计算机基础     |    48 |     2 |
+-------+----------------+-------+-------+
5 rows in set (0.00 sec)
```

实验7 查询统计与汇总

（1）查询学生总人数。

```
select count(*) from student;
```

```
mysql> select count(*) from student;
+----------+
| count(*) |
+----------+
|        6 |
+----------+
1 row in set (0.00 sec)
```

（2）查询来自四川达州的学生的总数。

```
select count(*) from student
where st_from='四川达州';
```

```
mysql> select count(*) from student
    -> where st_from='四川达州';
+----------+
| count(*) |
+----------+
|        1 |
+----------+
1 row in set (0.00 sec)
```

（3）查询选修101号课程的人数。

```
select count(*) from slt_course
where cs_id= '101';
```

```
mysql> select count(*) from slt_course
    -> where cs_id= '101';
+----------+
| count(*) |
+----------+
|        4 |
+----------+
1 row in set (0.00 sec)
```

（4）查询被选修课程的数量。

```
select count(distinct cs_id)
from slt_course;
```

```
mysql> select count(distinct cs_id)
    -> from slt_course;
+-----------------------+
| count(distinct cs_id) |
+-----------------------+
|                     4 |
+-----------------------+
1 row in set (0.00 sec)
```

（5）查询11班学生的平均入学成绩。

```
select avg(st_score) from student
where left(st_dpid,2)='11';
```

```
mysql> select avg(st_score) from student
    -> where left(st_dpid,2)='11';
+---------------+
| avg(st_score) |
+---------------+
|      450.0000 |
+---------------+
1 row in set (0.00 sec)
```

（6）查询学号为1901001的学生选修课程的数量、总分及平均分（为选课数量、总分、平均分重命名）。

```
select count(cs_id) as 选课数量,sum(score) as 总分,
avg(score) as 平均分 from slt_course
where st_id='1901001';
```

```
mysql> select count(cs_id) as 选课数量,sum(score) as 总分,
    -> avg(score) as 平均分 from slt_course
    -> where st_id='1901001';
+----------+------+---------+
| 选课数量 | 总分 | 平均分  |
+----------+------+---------+
|        2 |  162 | 81.0000 |
+----------+------+---------+
1 row in set (0.00 sec)
```

（7）求各个课程号和相应的选课人数。

```
select cs_id,count(st_id)
from slt_course group by cs_id;
```

```
mysql> select cs_id,count(st_id)
    -> from slt_course group by cs_id;
+-------+--------------+
| cs_id | count(st_id) |
+-------+--------------+
| 101   |            4 |
| 102   |            2 |
| 103   |            1 |
| 104   |            1 |
+-------+--------------+
4 rows in set (0.00 sec)
```

（8）统计各班人数。

```
select left(st_dpid,2) as 班级,
count(st_dpid) as 人数
from student group by left(st_dpid,2);
```

```
mysql> select left(st_dpid,2) as 班级,
    -> count(st_dpid) as 人数
    -> from student group by left(st_dpid,2);
+------+------+
| 班级 | 人数 |
+------+------+
| 11   |    1 |
| 12   |    1 |
| 13   |    2 |
| 15   |    2 |
| 16   |    1 |
+------+------+
5 rows in set (0.00 sec)
```

（9）依次按班级、系号分类统计学生的人数、入学平均分。

```
select st_id as 系号,st_id as 系号,
left(st_dpid,2) as 班级,
count(st_dpid)as 人数,
avg(st_score) as 均分
from student group by left(st_dpid,2);
```

```
mysql> select st_id as 系号,st_id as 系号,
    -> left(st_dpid,2) as 班级,
    -> count(st_dpid)as 人数,
    -> avg(st_score) as 均分
    -> from student group by left(st_dpid,2);
+---------+---------+------+------+----------+
| 系号    | 系号    | 班级 | 人数 | 均分     |
+---------+---------+------+------+----------+
| 1901001 | 1901001 | 11   |    1 | 450.0000 |
| 1803006 | 1803006 | 12   |    1 | 412.0000 |
| 1702103 | 1702103 | 13   |    2 | 406.0000 |
| 1704007 | 1704007 | 15   |    2 | 418.0000 |
| 1905006 | 1905006 | 16   |    1 | 395.0000 |
+---------+---------+------+------+----------+
5 rows in set (0.00 sec)
```

（10）查询被选修的课程中平均分在75分以上的课程号和平均分。

```
select cs_id as 课程编号,
avg(score) as 均分
```

```
from slt_course
group by cs_id having avg(score)>75;
```

```
mysql> select cs_id as 课程编号,
    -> avg(score) as 均分
    -> from slt_course
    -> group by cs_id having avg(score)>75;
+----------+---------+
| 课程编号 | 均分    |
+----------+---------+
| 101      | 82.0000 |
| 102      | 78.0000 |
| 103      | 85.0000 |
+----------+---------+
3 rows in set (0.00 sec)
```

（11）查询选修了两门以上（含两门）课程的学生的学号。

```
select st_id from slt_course
group by st_id having count(*)>1;
```

```
mysql> select st_id from slt_course
    -> group by st_id having count(*)>1;
+---------+
| st_id   |
+---------+
| 1704007 |
| 1901001 |
| 1902105 |
+---------+
3 rows in set (0.00 sec)
```

实验 8　数据查询——多表连接查询

（1）查询学生的学号、姓名、系别及所选课程编号。

```
select s.st_id,s.st_nm,
s.st_dpid,sc.cs_id
from student s join slt_course sc
on s.st_id = sc.st_id;
```

```
mysql> select s.st_id, s.st_nm,
    -> s.st_dpid, sc.cs_id
    -> from student s join slt_course sc
    -> on s.st_id = sc.st_id;
+---------+--------+---------+-------+
| st_id   | st_nm  | st_dpid | cs_id |
+---------+--------+---------+-------+
| 1704007 | 赵勇   | 15      | 101   |
| 1704007 | 赵勇   | 15      | 102   |
| 1803006 | 陈兵   | 12      | 103   |
| 1901001 | 张晓明 | 11      | 101   |
| 1901001 | 张晓明 | 11      | 104   |
| 1902105 | 马丽   | 13      | 101   |
| 1902105 | 马丽   | 13      | 102   |
| 1905006 | 张明敏 | 16      | 101   |
+---------+--------+---------+-------+
8 rows in set (0.01 sec)
```

（2）查询学生的学号、姓名、所选课程编号及名称。

```
select s.st_id,s.st_nm,
sc.cs_id,c.cs_nm
from student s,slt_course sc,course c
where s.st_id = sc.st_id
and sc.cs_id = c.cs_id;
```

```
mysql> select s.st_id,s.st_nm,
    -> sc.cs_id,c.cs_nm
    -> from student s,slt_course sc,course c
    -> where s.st_id = sc.st_id
    -> and sc.cs_id = c.cs_id;
+---------+--------+-------+----------------+
| st_id   | st_nm  | cs_id | cs_nm          |
+---------+--------+-------+----------------+
| 1704007 | 赵勇   | 101   | Java程序设计   |
| 1704007 | 赵勇   | 102   | MySQL数据库    |
| 1803006 | 陈兵   | 103   | 数据结构       |
| 1901001 | 张晓明 | 101   | Java程序设计   |
| 1901001 | 张晓明 | 104   | 计算机网络基础 |
| 1902105 | 马丽   | 101   | Java程序设计   |
| 1902105 | 马丽   | 102   | MySQL数据库    |
| 1905006 | 张明敏 | 101   | Java程序设计   |
+---------+--------+-------+----------------+
8 rows in set (0.01 sec)
```

（3）查询学生的学号、姓名、所选课程编号及名称、成绩。

```
select s.st_id,s.st_nm,sc.cs_id,
c.cs_nm,sc.score
from student s,slt_course sc,course c
where s.st_id = sc.st_id
and sc.cs_id = c.cs_id;
```

```
mysql> select s.st_id,s.st_nm,sc.cs_id,
    -> c.cs_nm,sc.score
    -> from student s,slt_course sc,course c
    -> where s.st_id = sc.st_id
    -> and sc.cs_id = c.cs_id;
+---------+--------+-------+----------------+-------+
| st_id   | st_nm  | cs_id | cs_nm          | score |
+---------+--------+-------+----------------+-------+
| 1704007 | 赵勇   | 101   | Java程序设计   |    76 |
| 1704007 | 赵勇   | 102   | MySQL数据库    |  NULL |
| 1803006 | 陈兵   | 103   | 数据结构       |    85 |
| 1901001 | 张晓明 | 101   | Java程序设计   |    86 |
| 1901001 | 张晓明 | 104   | 计算机网络基础 |    75 |
| 1902105 | 马丽   | 101   | Java程序设计   |    83 |
| 1902105 | 马丽   | 102   | MySQL数据库    |    78 |
| 1905006 | 张明敏 | 101   | Java程序设计   |    82 |
+---------+--------+-------+----------------+-------+
8 rows in set (0.00 sec)
```

（4）查询学生的学号、姓名、所在系别的名称。

```
select s.st_id,s.st_nm,d.dp_nm
from student s,dept d
where s.st_dpid = d.dp_id;
```

```
mysql> select s.st_id,s.st_nm,d.dp_nm
    -> from student s,dept d
    -> where s.st_dpid = d.dp_id;
+---------+--------+----------+
| st_id   | st_nm  | dp_nm    |
+---------+--------+----------+
| 1901001 | 张晓明 | 计科系   |
| 1803006 | 陈兵   | 电子系   |
| 1702103 | 李云霞 | 管理系   |
| 1902105 | 马丽   | 管理系   |
| 1704007 | 赵勇   | 飞行器系 |
| 1904108 | 王伶俐 | 飞行器系 |
| 1905006 | 张明敏 | 空乘系   |
+---------+--------+----------+
7 rows in set (0.01 sec)
```

（5）查询学生的学号、姓名、所在系别的名称及联系电话。

```
select s.st_id,s.st_nm,
d.dp_nm,d.dp_tel
from student s,dept d
where s.st_dpid = d.dp_id;
```

```
mysql> select s.st_id,s.st_nm,
    -> d.dp_nm,d.dp_tel
    -> from student s,dept d
    -> where s.st_dpid = d.dp_id;
+---------+--------+----------+----------+
| st_id   | st_nm  | dp_nm    | dp_tel   |
+---------+--------+----------+----------+
| 1901001 | 张晓明 | 计科系   | 81234567 |
| 1803006 | 陈兵   | 电子系   | 87654321 |
| 1702103 | 李云霞 | 管理系   | 86677223 |
| 1902105 | 马丽   | 管理系   | 86677223 |
| 1704007 | 赵勇   | 飞行器系 | 86655422 |
| 1904108 | 王伶俐 | 飞行器系 | 86655422 |
| 1905006 | 张明敏 | 空乘系   | 82475869 |
+---------+--------+----------+----------+
7 rows in set (0.00 sec)
```

（6）查询选修了101号课程的学生的姓名、学号、成绩。

```
select s.st_id,s.st_nm,sc.score
from student s,slt_course sc
where sc.cs_id='101'
and s.st_id = sc.st_id;
```

```
mysql> select s.st_id,s.st_nm,sc.score
    -> from student s,slt_course sc
    -> where sc.cs_id='101'
    -> and s.st_id = sc.st_id;
+---------+--------+-------+
| st_id   | st_nm  | score |
+---------+--------+-------+
| 1704007 | 赵勇   |    76 |
| 1901001 | 张晓明 |    87 |
| 1902105 | 马丽   |    83 |
| 1905006 | 张明敏 |    82 |
+---------+--------+-------+
4 rows in set (0.00 sec)
```

（7）查询选修了“数据结构”课程的学生的学号、姓名、成绩。

```
select s.st_id,s.st_nm,sc.score
from student s,slt_course sc,course c
where c.cs_nm='数据结构' and s.st_id = sc.st_id
and c.cs_id = sc.cs_id;
```

```
mysql> select s.st_id,s.st_nm,sc.score
    -> from student s,slt_course sc,course c
    -> where c.cs_nm='数据结构' and s.st_id = sc.st_id
    -> and c.cs_id = sc.cs_id;
+---------+-------+-------+
| st_id   | st_nm | score |
+---------+-------+-------+
| 1803006 | 陈兵  |    85 |
+---------+-------+-------+
1 row in set (0.00 sec)
```

（8）查询没有选修任何课程的学生的学号、姓名。

```
select s.st_id,s.st_nm
from student s,slt_course sc
where sc.cs_id is null;
```

```
mysql> select s.st_id,s.st_nm
    -> from student s,slt_course sc
    -> where sc.cs_id is null;
Empty set (0.00 sec)
```

提示：因为学生都选了课，所以为空。

（9）查询不及格的学生的姓名、学号。

```
select s.st_id,s.st_nm
from student s,slt_course sc
where sc.score < 60;
```

```
mysql> select s.st_id,s.st_nm
    -> from student s,slt_course sc
    -> where sc.score < 60;
Empty set (0.00 sec)
```

提示： 学生都及格了。

（10）查询入学成绩在420分以上的学生的学号、姓名、所在系的名称及联系电话。

```
select s.st_id,s.st_nm,d.dp_nm,d.dp_tel
from student s,dept d
where s.st_score > 420
and s.st_dpid = d.dp_id;
```

```
mysql> select s.st_id,s.st_nm,d.dp_nm,d.dp_tel
    -> from student s,dept d
    -> where s.st_score > 420
    -> and s.st_dpid = d.dp_id;
+---------+--------+----------+----------+
| st_id   | st_nm  | dp_nm    | dp_tel   |
+---------+--------+----------+----------+
| 1901001 | 张晓明 | 计科系   | 81234567 |
| 1902105 | 马丽   | 管理系   | 86677223 |
| 1704007 | 赵勇   | 飞行器系 | 86655422 |
+---------+--------+----------+----------+
3 rows in set (0.00 sec)
```

（11）查询计科系学生的信息。

```
select * from student s where s.st_dpid = 11;
```

```
mysql> select * from student s where s.st_dpid = 11;
+---------+--------+--------+------------+----------+
| st_id   | st_nm  | st_sex | st_birth   | st_score |
+---------+--------+--------+------------+----------+
| 1901001 | 张晓明 | 男     | 2000-02-05 |      450 |
+---------+--------+--------+------------+----------+
1 row in set (0.00 sec)

+------------+----------+---------+--------+
| st_date    | st_from  | st_dpid | st_mnt |
+------------+----------+---------+--------+
| 2019-09-01 | 四川成都 | 11      | 班长   |
+------------+----------+---------+--------+
```

（12）查询计科系学生的选修课成绩。

```
select s.st_id,s.st_nm,sc.cs_id,sc.score
from student s,slt_course sc
where s.st_id = sc.st_id and s.st_dpid= 11;
```

```
mysql> select s.st_id,s.st_nm,sc.cs_id,sc.score
    -> from student s,slt_course sc
    -> where s.st_id = sc.st_id and s.st_dpid= 11;
+---------+--------+-------+-------+
| st_id   | st_nm  | cs_id | score |
+---------+--------+-------+-------+
| 1901001 | 张晓明 | 101   |    87 |
| 1901001 | 张晓明 | 104   |    75 |
+---------+--------+-------+-------+
2 rows in set (0.00 sec)
```

实验9 数据查询——子查询

（1）查询计科系学生的信息。

```
select * from student
where st_dpid=(select dp_id from dept
where dp_nm="计科系");
```

```
mysql> select * from student
    -> where st_dpid=(select dp_id from dept
    -> where dp_nm="计科系");
+---------+--------+--------+------------+----------+
| st_id   | st_nm  | st_sex | st_birth   | st_score |
+---------+--------+--------+------------+----------+
| 1901001 | 张晓明 | 男     | 2000-02-05 |      450 |
+---------+--------+--------+------------+----------+
1 row in set (0.00 sec)
```

```
+------------+----------+---------+--------+
| st_date    | st_from  | st_dpid | st_mnt |
+------------+----------+---------+--------+
| 2019-09-01 | 四川成都 | 11      | 班长   |
+------------+----------+---------+--------+
```

（2）查询不及格的学生的姓名、学号。

```
select st_nm,st_id
from student
where st_id=(
    select st_id from slt_course
    where score<60
);
```

```
mysql> select st_nm,st_id
    -> from student
    -> where st_id=(
    -> select st_id from slt_course
    -> where score<60
    -> );
Empty set (0.00 sec)
```

（3）查询选修了课程的学生的姓名、学号、性别。

```
select st_nm,st_id,st_sex
from student
where st_id in
(select st_id from slt_course);
```

```
mysql> select st_nm,st_id,st_sex
    -> from student
    -> where st_id in
    -> (select st_id from slt_course);
+--------+---------+--------+
| st_nm  | st_id   | st_sex |
+--------+---------+--------+
| 赵勇   | 1704007 | 男     |
| 陈兵   | 1803006 | 男     |
| 张晓明 | 1901001 | 男     |
| 马丽   | 1902105 | 女     |
| 张明敏 | 1905006 | 女     |
+--------+---------+--------+
5 rows in set (0.00 sec)
```

(4) 查询“张飞”同学所在班级的学生的姓名、学号。

```
select st_nm,st_id
from student
where left(st_id,2)=
(select left(st_id,2)
    from student where st_nm="张飞"
);
```

```
mysql> select st_nm,st_id
    -> from student
    -> where left(st_id,2)=
    -> (select left(st_id,2)
    -> from student where st_nm="张飞"
    -> );
+--------+---------+
| st_nm  | st_id   |
+--------+---------+
| 张晓明 | 1901001 |
| 张飞   | 1901003 |
| 马丽   | 1902105 |
| 王伶俐 | 1904108 |
| 张明敏 | 1905006 |
+--------+---------+
5 rows in set (0.00 sec)
```

(5) 查询101号课程选课成绩比所有科目的平均成绩高的学生的学号、姓名。

```
select sc.st_id,s.st_nm from slt_course sc,student s
where sc.st_id=s.st_id and sc.score>(
    select avg(score) from slt_course where cs_id="101"
);
```

```
mysql> select sc.st_id,s.st_nm from slt_course sc,student s
    -> where sc.st_id=s.st_id and sc.score>(
    -> select avg(score) from slt_course where cs_id="101"
    -> );
+---------+--------+
| st_id   | st_nm  |
+---------+--------+
| 1803006 | 陈兵   |
| 1901001 | 张晓明 |
| 1902105 | 马丽   |
+---------+--------+
3 rows in set (0.00 sec)
```

（6）查询姓“张”的学生所在的系的名称和联系电话。

```
select dp_nm,dp_tel
from dept
where dp_id in
(select st_dpid
    from student where st_nm like "张%"
);
```

```
mysql> select dp_nm,dp_tel
    -> from dept
    -> where dp_id in
    -> (select st_dpid
    -> from student where st_nm like "张%"
    -> );
+--------+----------+
| dp_nm  | dp_tel   |
+--------+----------+
| 计科系 | 81234567 |
| 空乘系 | 82475869 |
+--------+----------+
2 rows in set (0.01 sec)
```

（7）查询女生的选修课的平均成绩。

```
select avg(score) from slt_course
where st_id in (
    select st_id from student
    where st_sex="女"
);
```

```
mysql> select avg(score) from slt_course
    -> where st_id in (
    -> select st_id from student
    -> where st_sex="女"
    -> );
+------------+
| avg(score) |
+------------+
|    81.0000 |
+------------+
1 row in set (0.00 sec)
```

（8）查询班长的选修课成绩。

```
select cs_id,score from slt_course where
st_id=(select st_id from student where st_mnt="班长");
```

```
mysql> select score from slt_couse where
    -> st_id=(select st_id from student where st_mnt="班长");
+-------+
| score |
+-------+
|    86 |
|    75 |
+-------+
2 rows in set (0.01 sec)

mysql> select cs_id,score from slt_couse where
    -> st_id=(select st_id from student where st_mnt="班长");
+-------+-------+
| cs_id | score |
+-------+-------+
| 101   |    86 |
| 104   |    75 |
+-------+-------+
2 rows in set (0.00 sec)
```

（9）查询班长的选修课名称、成绩和学分。

```
select c.cs_nm,s.score,c.cs_sc
from course c,slt_course s,student t
where t.st_id=s.st_id and c.cs_id=s.cs_id
and t.st_mnt="班长";
```

```
mysql> select c.cs_nm,s.score,c.cs_sc
    -> from course c,slt_course s,student t
    -> where t.st_id=s.st_id and c.cs_id=s.cs_id
    -> and t.st_mnt="班长";
+------------------+-------+-------+
| cs_nm            | score | cs_sc |
+------------------+-------+-------+
| Java程序设计     |    87 |     2 |
| 计算机网络基础   |    75 |     2 |
+------------------+-------+-------+
2 rows in set (0.01 sec)
```

（10）查询入学成绩在420分以上的学生所在系的名称及联系电话。

```
select dp_nm,dp_tel from dept where dp_id
in (select st_dpid from student where st_score>420);
```

```
mysql> select dp_nm,dp_tel from dept where dp_id
    -> in (select st_dpid from student where st_score>420);
+----------+----------+
| dp_nm    | dp_tel   |
+----------+----------+
| 计科系   | 81234567 |
| 飞行器系 | 86655422 |
+----------+----------+
2 rows in set (0.00 sec)
```

（11）查询入学成绩最高的学生所在系的名称及联系电话。

```
select dp_nm,dp_tel from dept where dp_id
=(select st_dpid from student where st_score=
(select max(st_score) from student));
```

```
mysql> select dp_nm,dp_tel from dept where dp_id
    -> =(select st_dpid from student where st_score=
    -> (select max(st_score) from student));
+--------+----------+
| dp_nm  | dp_tel   |
+--------+----------+
| 计科系 | 81234567 |
+--------+----------+
1 row in set (0.00 sec)
```

(12) 查询计科系学生选修课的平均成绩。

```
select avg(score) from slt_course where st_id
in(select st_id from student where st_dpid=
(select dp_id from dept where dp_nm="计科系"));
```

```
mysql> select avg(score) from slt_course where st_id
    -> in(select st_id from student where st_dpid=
    -> (select dp_id from dept where dp_nm="计科系"));
+------------+
| avg(score) |
+------------+
|    81.0000 |
+------------+
1 row in set (0.00 sec)
```

实验10　查询综合练习（1）

新建数据库，执行如下操作：

```
create database train;
use train;
```

1. 根据数据表写出查询语句

(1) 查询student表中的所有记录的sname、ssex和class列。

```
select s.sname,s.ssex,s.class
from student s;
```

```
mysql> select s.sname,s.ssex,s.class
    -> from student s;
+-------+------+-------+
| sname | ssex | class |
+-------+------+-------+
| 曾华  | 男   | 95033 |
| 匡明  | 男   | 95031 |
| 王丽  | 女   | 95033 |
| 李军  | 男   | 95033 |
| 王芳  | 女   | 95031 |
| 陆君  | 男   | 95031 |
+-------+------+-------+
6 rows in set (0.00 sec)
```

(2) 查询教师所在的单位，即查询不重复的depart列。

```
select distinct depart
from teacher;
```

```
mysql> select  distinct depart
    -> from teacher;
+-----------+
| depart    |
+-----------+
| 计算机系   |
| 电子工程系 |
+-----------+
2 rows in set (0.00 sec)
```

(3) 查询student表的所有记录。

```
select * from student;
```

```
mysql> select * from student;
+-----+-------+------+------------+-------+
| sno | sname | ssex | sbirthday  | class |
+-----+-------+------+------------+-------+
| 108 | 曾华  | 男   | 2002-09-01 | 95033 |
| 105 | 匡明  | 男   | 2000-10-02 | 95031 |
| 107 | 王丽  | 女   | 2001-01-23 | 95033 |
| 101 | 李军  | 男   | 2001-02-20 | 95033 |
| 109 | 王芳  | 女   | 2000-02-10 | 95031 |
| 103 | 陆君  | 男   | 1999-06-03 | 95031 |
+-----+-------+------+------------+-------+
6 rows in set (0.00 sec)
```

(4) 查询score表中成绩为60~80的所有记录。

```
select sc.*
from score sc
where sc.degree >= 60 and sc.degree <=80
order by sc.sno desc;
```

```
mysql> select sc.*
    -> from score sc
    -> where sc.degree >= 60 and sc.degree <=80
    -> order by sc.sno desc;
+-----+-------+--------+
| sno | cno   | degree |
+-----+-------+--------+
| 109 | 3_245 |   68.0 |
| 109 | 3_105 |   76.0 |
| 108 | 3_105 |   78.0 |
| 107 | 6_106 |   79.0 |
| 105 | 3_245 |   75.0 |
| 101 | 3_105 |   64.0 |
+-----+-------+--------+
6 rows in set (0.00 sec)
```

(5) 查询score表中成绩为85、86或88的记录。

```
select sc.*
from score sc
where sc.degree in (85,86,88)
order by sc.sno desc;
```

```
mysql> select sc.*
    -> from score sc
    -> where sc.degree in (85,86,88)
    -> order by sc.sno desc;
+-----+-------+--------+
| sno | cno   | degree |
+-----+-------+--------+
| 105 | 3_105 |   88.0 |
| 103 | 3_245 |   86.0 |
| 101 | 6_166 |   85.0 |
+-----+-------+--------+
3 rows in set (0.00 sec)
```

(6) 查询student表中95031班或性别为“女”的学生的记录。

```
select st.*
from student st
where st.class = '95031'
or st.ssex ='女'
order by st.sno;
```

```
mysql> select st.*
    -> from student st
    -> where st.class = '95031'
    -> or st.ssex ='女'
    -> order by st.sno;
+-----+-------+------+------------+-------+
| sno | sname | ssex | sbirthday  | class |
+-----+-------+------+------------+-------+
| 103 | 陆君  | 男   | 1999-06-03 | 95031 |
| 105 | 匡明  | 男   | 2000-10-02 | 95031 |
| 107 | 王丽  | 女   | 2001-01-23 | 95033 |
| 109 | 王芳  | 女   | 2000-02-10 | 95031 |
+-----+-------+------+------------+-------+
4 rows in set (0.00 sec)
```

(7) 以class降序查询student表的所有记录。

```
select *
from student
order by class desc;
```

```
mysql> select *
    -> from student
    -> order by class desc;
+-----+-------+------+------------+-------+
| sno | sname | ssex | sbirthday  | class |
+-----+-------+------+------------+-------+
| 108 | 曾华  | 男   | 2002-09-01 | 95033 |
| 107 | 王丽  | 女   | 2001-01-23 | 95033 |
| 101 | 李军  | 男   | 2001-02-20 | 95033 |
| 105 | 匡明  | 男   | 2000-10-02 | 95031 |
| 109 | 王芳  | 女   | 2000-02-10 | 95031 |
| 103 | 陆君  | 男   | 1999-06-03 | 95031 |
+-----+-------+------+------------+-------+
6 rows in set (0.00 sec)
```

（8）以cno升序、degree降序查询score表的所有记录。

```
select sc.*
from score sc
order by sc.cno ,sc.degree desc;
```

```
mysql> select sc.*
    -> from score sc
    -> order by sc.cno ,sc.degree desc;
+-----+-------+--------+
| sno | cno   | degree |
+-----+-------+--------+
| 103 | 3_105 |   92.0 |
| 107 | 3_105 |   91.0 |
| 105 | 3_105 |   88.0 |
| 108 | 3_105 |   78.0 |
| 109 | 3_105 |   76.0 |
| 101 | 3_105 |   64.0 |
| 103 | 3_245 |   86.0 |
| 105 | 3_245 |   75.0 |
| 109 | 3_245 |   68.0 |
| 107 | 6_106 |   79.0 |
| 101 | 6_166 |   85.0 |
| 108 | 6_166 |   81.0 |
+-----+-------+--------+
12 rows in set (0.00 sec)
```

（9）查询95031班的学生人数。

```
select count(*)
from student st
where st.class='95031';
```

```
mysql> select count(*)
    -> from student st
    -> where st.class='95031';
+----------+
| count(*) |
+----------+
|        3 |
+----------+
1 row in set (0.00 sec)
```

（10）查询score表中最高分的学生学号和课程号。

```
select sc.sno,sc.cno
```

```
from score sc
where sc.degree =
( select max(sc.degree)
from score sc )
order by sc.sno;
```

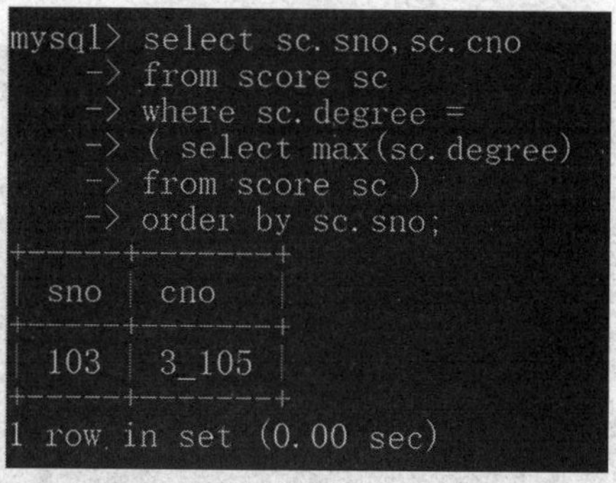

（11）查询3_105号课程的平均分。

```
select avg(sc.degree)
from score sc
where sc.cno='3_105';
```

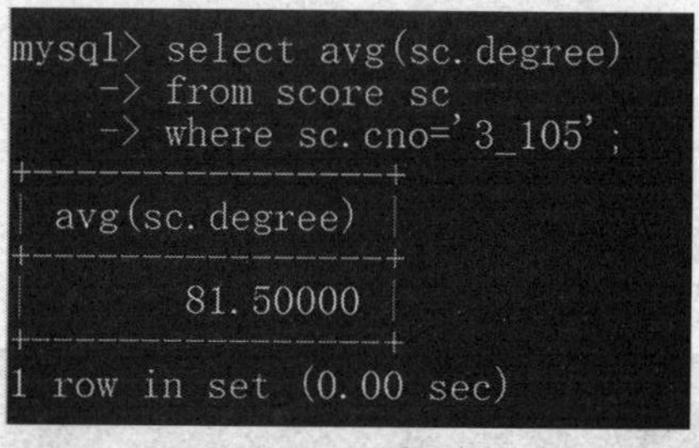

（12）查询score表中至少有5名学生选修并以3开头的课程的平均分数。

```
select avg(sc.degree)
from score sc
where sc.cno like '3%'
group by sc.cno
having count(sc.sno) >=5;
```

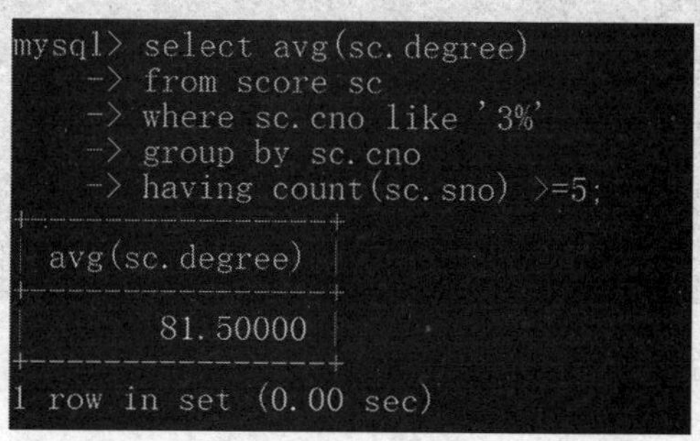

（13）查询最低分大于70且最高分小于90的sno列。

```
select sc.sno,sc.degree
from score sc
where sc.degree >70
and sc.degree < 90;
```

```
mysql> select sc.sno,sc.degree
    -> from score sc
    -> where sc.degree >70
    -> and sc.degree < 90;
+-----+--------+
| sno | degree |
+-----+--------+
| 103 |   86.0 |
| 105 |   75.0 |
| 105 |   88.0 |
| 109 |   76.0 |
| 108 |   78.0 |
| 101 |   85.0 |
| 107 |   79.0 |
| 108 |   81.0 |
+-----+--------+
8 rows in set (0.00 sec)
```

（14）查询所有学生的sname、cno和degree列。

```
select st.sname,sc.cno,sc.degree
from student st,score sc
where st.sno=sc.sno;
```

```
mysql> select st.sname,sc.cno,sc.degree
    -> from student st,score sc
    -> where st.sno=sc.sno;
+-------+-------+--------+
| sname | cno   | degree |
+-------+-------+--------+
| 陆君  | 3_245 |   86.0 |
| 匡明  | 3_245 |   75.0 |
| 王芳  | 3_245 |   68.0 |
| 陆君  | 3_105 |   92.0 |
| 匡明  | 3_105 |   88.0 |
| 王芳  | 3_105 |   76.0 |
| 李军  | 3_105 |   64.0 |
| 王丽  | 3_105 |   91.0 |
| 曾华  | 3_105 |   78.0 |
| 李军  | 6_166 |   85.0 |
| 王丽  | 6_106 |   79.0 |
| 曾华  | 6_166 |   81.0 |
+-------+-------+--------+
12 rows in set (0.00 sec)
```

（15）查询所有学生的sno、cname和degree列。

```
select distinct st.sno,co.cname,sc.degree
```

```
from student st,score sc,course co
where st.sno=sc.sno and sc.cno= co.cno
order by st.sno;
```

```
mysql> select distinct st.sno,co.cname,sc.degree
    -> from student st,score sc,course co
    -> where st.sno=sc.sno and sc.cno= co.cno
    -> order by st.sno;
+-----+------------+--------+
| sno | cname      | degree |
+-----+------------+--------+
| 101 | 计算机导论 |   64.0 |
| 101 | 数据电路   |   85.0 |
| 103 | 操作系统   |   86.0 |
| 103 | 计算机导论 |   92.0 |
| 105 | 操作系统   |   75.0 |
| 105 | 计算机导论 |   88.0 |
| 107 | 计算机导论 |   91.0 |
| 108 | 计算机导论 |   78.0 |
| 108 | 数据电路   |   81.0 |
| 109 | 操作系统   |   68.0 |
| 109 | 计算机导论 |   76.0 |
+-----+------------+--------+
11 rows in set (0.00 sec)
```

（16）查询95033班所选课程的平均分。

```
select avg(sc.degree)
from student st,score sc
where st.sno=sc.sno and st.class='95033';
```

```
mysql> select avg(sc.degree)
    -> from student st,score sc
    -> where st.sno=sc.sno and st.class='95033';
+----------------+
| avg(sc.degree) |
+----------------+
|       79.66667 |
+----------------+
1 row in set (0.00 sec)
```

2. 使用如下命令建立一个grade表并完成查询

```
create table grade(
low numeric(10,0),upp numeric(10,0) ,rank varchar(1));
insert into grade values(90,100,'a');
insert into grade values(80,89,'b');
insert into grade values(70,79,'c');
insert into grade values(60,69,'d');
insert into grade values(0,59,'e');
commit;
```

```
mysql> create table grade(
    -> low numeric(10,0),upp numeric(10,0) ,rank varchar(1));
Query OK, 0 rows affected (0.01 sec)

mysql> insert into grade values(90,100,'a');
Query OK, 1 row affected (0.00 sec)

mysql> insert into grade values(80,89,'b');
Query OK, 1 row affected (0.00 sec)

mysql> insert into grade values(70,79,'c');
Query OK, 1 row affected (0.00 sec)

mysql> insert into grade values(60,69,'d');
Query OK, 1 row affected (0.00 sec)

mysql> insert into grade values(0,59,'e');
Query OK, 1 row affected (0.00 sec)

mysql> commit;
Query OK, 0 rows affected (0.00 sec)
```

（1）查询选修3_105课程且成绩高于109号学生成绩的所有学生的记录。

```
select distinct st.*
from student st,score sc
where sc.cno='3_105' and sc.degree > (
    select sc.degree
    from score sc
    where sc.sno='109' and sc.cno='3_105'
);
```

```
mysql> select distinct st.*
    -> from student st,score sc
    -> where sc.cno='3_105' and sc.degree > (
    -> select sc.degree
    -> from score sc
    -> where sc.sno='109' and sc.cno='3_105'
    -> );
+-----+-------+------+------------+-------+
| sno | sname | ssex | sbirthday  | class |
+-----+-------+------+------------+-------+
| 108 | 曾华  | 男   | 2002-09-01 | 95033 |
| 105 | 匡明  | 男   | 2000-10-02 | 95031 |
| 107 | 王丽  | 女   | 2001-01-23 | 95033 |
| 101 | 李军  | 男   | 2001-02-20 | 95033 |
| 109 | 王芳  | 女   | 2000-02-10 | 95031 |
| 103 | 陆君  | 男   | 1999-06-03 | 95031 |
+-----+-------+------+------------+-------+
6 rows in set (0.00 sec)
```

（2）查询score中选学一门以上课程的学生中分数为非最高分成绩的记录。

```
select sc.*
from score sc
```

```
where sc.degree < (
    select max(sc.degree) from score sc
)
group by sc.cno
having count(sc.sno) >1;
```

```
mysql> select sc.*
    -> from score sc
    -> where sc.degree < (
    -> select max(sc.degree) from score sc
    -> )
    -> group by sc.cno
    -> having count(sc.sno) >1;
+-----+-------+--------+
| sno | cno   | degree |
+-----+-------+--------+
| 105 | 3_105 |   88.0 |
| 103 | 3_245 |   86.0 |
| 101 | 6_166 |   85.0 |
+-----+-------+--------+
3 rows in set (0.00 sec)
```

(3) 查询成绩高于学号为109、课程号为3_105的课程成绩的所有记录。

```
select sc.*
from score sc
where sc.cno='3_105' and sc.degree >(
    select sc.degree
    from score sc
    where sc.cno='3_105' and sc.sno='109');
```

```
mysql> select sc.*
    -> from score sc
    -> where sc.cno='3_105' and sc.degree >(
    -> select sc.degree
    -> from score sc
    -> where sc.cno='3_105' and sc.sno='109');
+-----+-------+--------+
| sno | cno   | degree |
+-----+-------+--------+
| 103 | 3_105 |   92.0 |
| 105 | 3_105 |   88.0 |
| 107 | 3_105 |   91.0 |
| 108 | 3_105 |   78.0 |
+-----+-------+--------+
4 rows in set (0.00 sec)
```

(4) 查询和学号为108的学生同年出生的所有学生的sno、sname和sbirthday列。

```
set @birthday=(select st.sbirthday
    from student st where st.sno='108'
);
```

```
select st.sno,st.sname,st.sbirthday
from student st
where year(st.sbirthday) = year(@birthday);
```

```
mysql> set @birthday=(select st.sbirthday
    -> from student st where st.sno='108'
    -> );
Query OK, 0 rows affected (0.00 sec)

mysql> select st.sno,st.sname,st.sbirthday
    -> from student st
    -> where year(st.sbirthday) = year(@birthday);
+-----+-------+------------+
| sno | sname | sbirthday  |
+-----+-------+------------+
| 108 | 曾华  | 2002-09-01 |
+-----+-------+------------+
1 row in set (0.02 sec)
```

(5) 查询“张旭”教师任课的学生成绩。

```
select sc.*
from teacher te,score sc,course co
where te.tname='张旭'
and te.tno=co.tno and co.cno=sc.cno;
```

```
mysql> select sc.*
    -> from teacher te,score sc,course co
    -> where te.tname='张旭'
    -> and te.tno=co.tno and co.cno=sc.cno;
+-----+-------+--------+
| sno | cno   | degree |
+-----+-------+--------+
| 101 | 6_166 |   85.0 |
| 108 | 6_166 |   81.0 |
+-----+-------+--------+
2 rows in set (0.00 sec)
```

(6) 查询选修某课程的学生人数多于5人的教师姓名。

```
select distinct te.tname
from teacher te,score sc,course co
where te.tno=co.tno
and co.cno=sc.cno and sc.cno in (
select t.cno
from (
select count(*) bb, sc.cno
from score sc
group by sc.cno) t
where t.bb >5);
```

```
mysql> select distinct te.tname
    -> from teacher te,score sc,course co
    -> where te.tno=co.tno
    -> and co.cno=sc.cno and sc.cno in (
    -> select t.cno
    -> from (
    -> select count(*) bb, sc.cno
    -> from score sc
    -> group by sc.cno) t
    -> where t.bb >5);
+--------+
| tname  |
+--------+
| 王萍   |
+--------+
1 row in set (0.00 sec)
```

（7）查询95033班和95031班全体学生的记录。

```
select distinct st.*
from student st
where st.class='95033'
or st.class='95031'
order by st.sno;
```

```
mysql> select distinct st.*
    -> from student st
    -> where  st.class='95033'
    -> or st.class='95031'
    -> order by st.sno;
+-----+-------+------+------------+-------+
| sno | sname | ssex | sbirthday  | class |
+-----+-------+------+------------+-------+
| 101 | 李军  | 男   | 2001-02-20 | 95033 |
| 103 | 陆君  | 男   | 1999-06-03 | 95031 |
| 105 | 匡明  | 男   | 2000-10-02 | 95031 |
| 107 | 王丽  | 女   | 2001-01-23 | 95033 |
| 108 | 曾华  | 男   | 2002-09-01 | 95033 |
| 109 | 王芳  | 女   | 2000-02-10 | 95031 |
+-----+-------+------+------------+-------+
6 rows in set (0.00 sec)
```

（8）查询存在有85分以上成绩的课程cno。

```
select distinct sc.cno
from score sc
where sc.degree >85
order by sc.cno;
```

```
mysql> select distinct sc.cno
    -> from score sc
    -> where sc.degree >85
    -> order by sc.cno;
+-------+
| cno   |
+-------+
| 3_105 |
| 3_245 |
+-------+
2 rows in set (0.00 sec)
```

(9) 查询出“计算机系”教师所教课程的成绩表。

```
select sc.*
from score sc,course co,teacher te
where te.depart='计算机系'
and te.tno=co.tno
and sc.cno=co.cno
order by sc.sno;
```

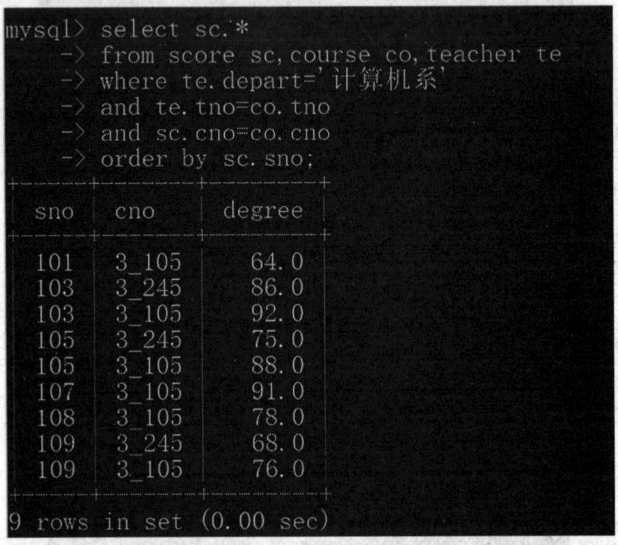

```
mysql> select sc.*
    -> from score sc,course co,teacher te
    -> where te.depart='计算机系'
    -> and te.tno=co.tno
    -> and sc.cno=co.cno
    -> order by sc.sno;
+-----+-------+--------+
| sno | cno   | degree |
+-----+-------+--------+
| 101 | 3_105 |   64.0 |
| 103 | 3_245 |   86.0 |
| 103 | 3_105 |   92.0 |
| 105 | 3_245 |   75.0 |
| 105 | 3_105 |   88.0 |
| 107 | 3_105 |   91.0 |
| 108 | 3_105 |   78.0 |
| 109 | 3_245 |   68.0 |
| 109 | 3_105 |   76.0 |
+-----+-------+--------+
9 rows in set (0.00 sec)
```

(10) 查询“计算机系”与“电子工程系”不同职称的教师的tname和prof。

```
select te.tname,te.prof
from teacher te
where te.depart='计算机系'
and te.prof not in
(select t.prof from teacher t
where t.depart='电子工程系')
group by te.prof;
```

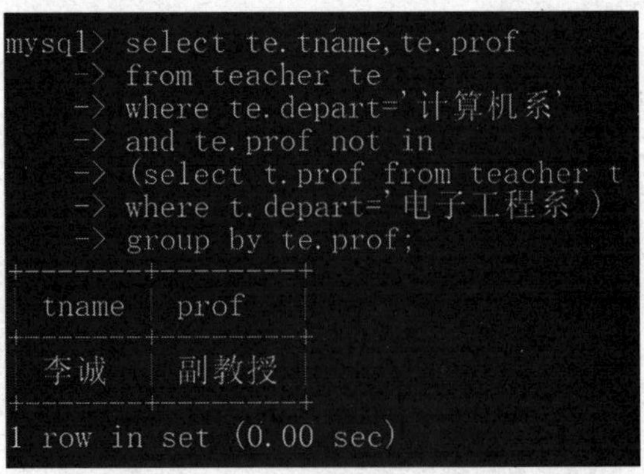

```
mysql> select te.tname,te.prof
    -> from teacher te
    -> where te.depart='计算机系'
    -> and te.prof not in
    -> (select t.prof from teacher t
    -> where t.depart='电子工程系')
    -> group by te.prof;
+-------+--------+
| tname | prof   |
+-------+--------+
| 李诚  | 副教授 |
+-------+--------+
1 row in set (0.00 sec)
```

（11）查询选修编号为3_105课程且成绩高于选修编号为3_245的学生的cno、sno和degree，并按degree列从高到低次序排序。

```
select sc.cno,sc.sno,sc.degree
from score sc
where sc.cno='3_105'
and sc.degree > (select max(sc.degree)
from score sc where sc.cno='3_245')
order by sc.degree desc;
```

```
mysql> select sc.cno, sc.sno, sc.degree
    -> from score sc
    -> where sc.cno='3_105'
    -> and sc.degree > (select max(sc.degree)
    -> from score sc where sc.cno='3_245')
    -> order by sc.degree desc;
+-------+-----+--------+
| cno   | sno | degree |
+-------+-----+--------+
| 3_105 | 103 |   92.0 |
| 3_105 | 107 |   91.0 |
| 3_105 | 105 |   88.0 |
+-------+-----+--------+
3 rows in set (0.00 sec)
```

（12）查询选修编号为3_105且成绩高于选修编号为3_245课程的学生的cno、sno和degree。

```
select sc.cno,sc.sno,sc.degree
from score sc
where sc.cno='3_105'
and sc.degree > (select max(sc.degree)
from score sc where sc.cno='3_245');
```

```
mysql> select sc.cno, sc.sno, sc.degree
    -> from score sc
    -> where sc.cno='3_105'
    -> and sc.degree > (select max(sc.degree)
    -> from score sc where sc.cno='3_245');
+-------+-----+--------+
| cno   | sno | degree |
+-------+-----+--------+
| 3_105 | 103 |   92.0 |
| 3_105 | 105 |   88.0 |
| 3_105 | 107 |   91.0 |
+-------+-----+--------+
3 rows in set (0.00 sec)
```

（13）查询所有教师和学生的name、sex和birthday。

```
select st.sname name,st.ssex,st.sbirthday
from student st union all
```

```
select te.tname,te.tsex,te.tbirthday
from teacher te;
```

```
mysql> select st.sname name,st.ssex,st.sbirthday
    -> from student st union all
    -> select te.tname,te.tsex,te.tbirthday
    -> from teacher te;
+------+------+------------+
| name | ssex | sbirthday  |
+------+------+------------+
| 曾华 | 男   | 2002-09-01 |
| 匡明 | 男   | 2000-10-02 |
| 王丽 | 女   | 2001-01-23 |
| 李军 | 男   | 2001-02-20 |
| 王芳 | 女   | 2000-02-10 |
| 陆君 | 男   | 1999-06-03 |
| 李诚 | 男   | 1970-12-02 |
| 张旭 | 男   | 1980-03-12 |
| 王萍 | 女   | 1989-05-05 |
| 刘冰 | 女   | 1988-08-14 |
+------+------+------------+
10 rows in set (0.01 sec)
```

(14) 查询所有“女”教师和“女”学生的name、sex和birthday。

```
select st.sname name,st.ssex,st.sbirthday
from student st
where st.ssex='女' union all
select te.tname,te.tsex,te.tbirthday
from teacher te
where te.tsex='女';
```

```
mysql> select st.sname name,st.ssex,st.sbirthday
    -> from student st
    -> where st.ssex='女' union all
    -> select te.tname,te.tsex,te.tbirthday
    -> from teacher te
    -> where te.tsex='女';
+------+------+------------+
| name | ssex | sbirthday  |
+------+------+------------+
| 王丽 | 女   | 2001-01-23 |
| 王芳 | 女   | 2000-02-10 |
| 王萍 | 女   | 1989-05-05 |
| 刘冰 | 女   | 1988-08-14 |
+------+------+------------+
4 rows in set (0.00 sec)
```

(15) 查询成绩比该课程平均成绩低的学生的成绩表。

```
select distinct sc.*
from score sc
where sc.degree <( select avg(ss.degree)
from score ss where ss.cno=sc.cno )
order by sc.cno;
```

```
mysql> select distinct sc.*
    -> from score sc
    -> where sc.degree <( select avg(ss.degree)
    -> from score ss where ss.cno=sc.cno )
    -> order by sc.cno;
+-----+-------+--------+
| sno | cno   | degree |
+-----+-------+--------+
| 101 | 3_105 |   64.0 |
| 108 | 3_105 |   78.0 |
| 109 | 3_105 |   76.0 |
| 105 | 3_245 |   75.0 |
| 109 | 3_245 |   68.0 |
| 108 | 6_166 |   81.0 |
+-----+-------+--------+
6 rows in set (0.00 sec)
```

（16）查询所有任课教师的tname和depart。

```
select te.tname,te.depart
from teacher te join course using(tno);
```

```
mysql> select te.tname,te.depart
    -> from teacher te join course using(tno);
+-------+------------+
| tname | depart     |
+-------+------------+
| 王萍  | 计算机系   |
| 李诚  | 计算机系   |
| 张旭  | 电子工程系 |
+-------+------------+
3 rows in set (0.00 sec)
```

（17）查询所有未讲课的教师的tname和depart。

```
select te.tname,te.depart
from teacher te
where  not exists (select sc.tno
from course sc where sc.tno=te.tno);
```

```
mysql> select te.tname,te.depart
    -> from teacher te
    -> where  not exists (select sc.tno
    -> from course sc where sc.tno=te.tno);
+-------+------------+
| tname | depart     |
+-------+------------+
| 刘冰  | 电子工程系 |
+-------+------------+
1 row in set (0.00 sec)
```

（18）查询至少有2名男生的班号。

```
select st.class
from student st
where st.ssex='男'
```

```
group by st.class
having count(st.ssex) >1;
```

```
mysql> select st.class
    -> from student st
    -> where st.ssex='男'
    -> group by st.class
    -> having count(st.ssex) >1;
+--------+
| class  |
+--------+
| 95031  |
| 95033  |
+--------+
2 rows in set (0.00 sec)
```

（19）查询student表中不姓“王”的学生记录。

```
select st.*
from student st
where st.sname not like '王%';
```

```
mysql> select st.*
    -> from student st
    -> where st.sname not like '王%';
+-----+------+------+------------+-------+
| sno | sname| ssex | sbirthday  | class |
+-----+------+------+------------+-------+
| 108 | 曾华 | 男   | 2002-09-01 | 95033 |
| 105 | 匡明 | 男   | 2000-10-02 | 95031 |
| 101 | 李军 | 男   | 2001-02-20 | 95033 |
| 103 | 陆君 | 男   | 1999-06-03 | 95031 |
+-----+------+------+------------+-------+
4 rows in set (0.00 sec)
```

（20）查询student表中每个学生的姓名和年龄。

```
select st.sname, st.sbirthday,
round(datediff(now(),st.sbirthday)/365) age
from student st;
```

```
mysql> select st.sname, st.sbirthday,
    -> round(datediff(now(),st.sbirthday)/365) age
    -> from student st;
+-------+------------+------+
| sname | sbirthday  | age  |
+-------+------------+------+
| 曾华  | 2002-09-01 |   19 |
| 匡明  | 2000-10-02 |   21 |
| 王丽  | 2001-01-23 |   20 |
| 李军  | 2001-02-20 |   20 |
| 王芳  | 2000-02-10 |   21 |
| 陆君  | 1999-06-03 |   22 |
+-------+------------+------+
6 rows in set (0.00 sec)
```

（21）查询student表中最大和最小的sbirthday日期值。

```
select min(st.sbirthday) a, max(st.sbirthday) b
from student st;
```

```
mysql> select min(st.sbirthday) a, max(st.sbirthday) b
    -> from student st;
+------------+------------+
| a          | b          |
+------------+------------+
| 1999-06-03 | 2002-09-01 |
+------------+------------+
1 row in set (0.00 sec)
```

（22）以班号和年龄从大到小的顺序查询student表中的全部记录。

```
select st.*
from student st
order by st.class desc,st.sbirthday asc;
```

```
mysql> select st.*
    -> from student st
    -> order by st.class desc, st.sbirthday asc;
+-----+-------+------+------------+-------+
| sno | sname | ssex | sbirthday  | class |
+-----+-------+------+------------+-------+
| 107 | 王丽  | 女   | 2001-01-23 | 95033 |
| 101 | 李军  | 男   | 2001-02-20 | 95033 |
| 108 | 曾华  | 男   | 2002-09-01 | 95033 |
| 103 | 陆君  | 男   | 1999-06-03 | 95031 |
| 109 | 王芳  | 女   | 2000-02-10 | 95031 |
| 105 | 匡明  | 男   | 2000-10-02 | 95031 |
+-----+-------+------+------------+-------+
6 rows in set (0.00 sec)
```

（23）查询“男”教师及其所上的课程。

```
select a.tname,b.cname
from teacher a join course b
using(tno) where a.tsex='男';
```

```
mysql> select a.tname, b.cname
    -> from teacher a join course b
    -> using(tno) where a.tsex='男';
+-------+----------+
| tname | cname    |
+-------+----------+
| 李诚  | 操作系统 |
| 张旭  | 数据电路 |
+-------+----------+
2 rows in set (0.00 sec)
```

（24）查询最高分学生的sno、cno和degree列。

```
select sc.sno,sc.cno,sc.degree
from score sc
```

```
where sc.degree = (
    select max(sc.degree) from score sc
);
```

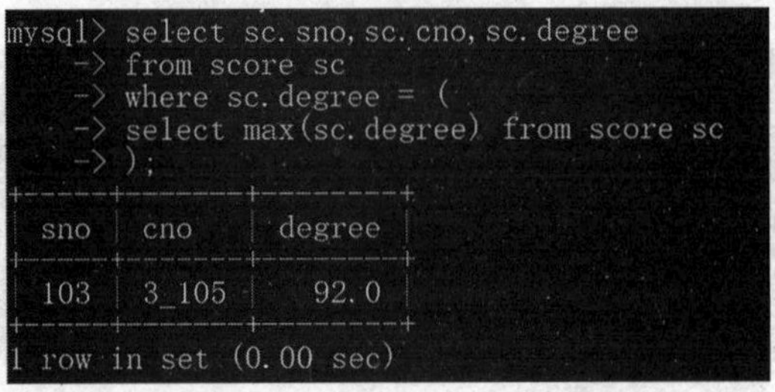

```
mysql> select sc.sno, sc.cno, sc.degree
    -> from score sc
    -> where sc.degree = (
    -> select max(sc.degree) from score sc
    -> );
+-----+-------+--------+
| sno | cno   | degree |
+-----+-------+--------+
| 103 | 3_105 |   92.0 |
+-----+-------+--------+
1 row in set (0.00 sec)
```

(25) 查询和“李军”同性别的所有学生的sname。

```
select st.sname
from student st
where st.ssex =(select st.ssex
    from student st where st.sname='李军'
);
```

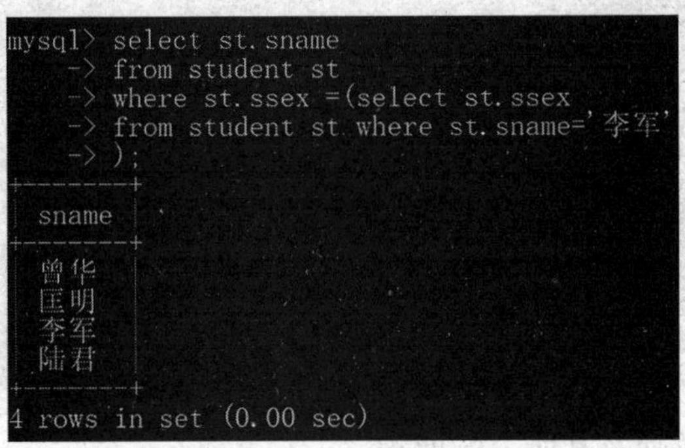

```
mysql> select st.sname
    -> from student st
    -> where st.ssex =(select st.ssex
    -> from student st where st.sname='李军'
    -> );
+-------+
| sname |
+-------+
| 曾华  |
| 匡明  |
| 李军  |
| 陆君  |
+-------+
4 rows in set (0.00 sec)
```

(26) 查询所有选修“计算机导论”课程的“男”学生的成绩表。

```
select a.* from score a
join (student b,course c)
using(sno,cno) where b.ssex='男'
and c.cname='计算机导论';
```

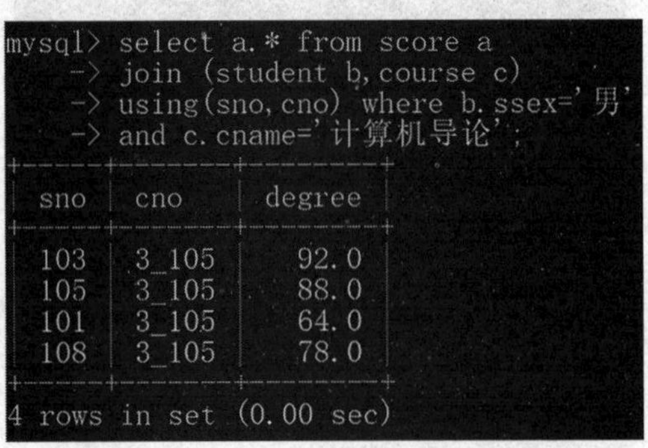

```
mysql> select a.* from score a
    -> join (student b,course c)
    -> using(sno,cno) where b.ssex='男'
    -> and c.cname='计算机导论';
+-----+-------+--------+
| sno | cno   | degree |
+-----+-------+--------+
| 103 | 3_105 |   92.0 |
| 105 | 3_105 |   88.0 |
| 101 | 3_105 |   64.0 |
| 108 | 3_105 |   78.0 |
+-----+-------+--------+
4 rows in set (0.00 sec)
```

实验11 查询综合练习（2）

```
create table dept
(
    deptno varchar(10) primary key,
    dname varchar(10)
);
create table emp
(
    empno varchar(10) primary key,
    ename varchar(10),
    job varchar(10),
    mgr varchar(10),
    sal varchar(10),
    deptno varchar(10) references dept(deptno)
);
#drop table dept;
#drop table emp;
insert into dept values ('1','事业部');
insert into dept values ('2','销售部');
insert into dept values ('3','技术部');
insert into emp values ('01','jacky','clerk','tom','1000','1');
insert into emp values ('02','tom','clerk','','2000','1');
insert into emp values ('07','biddy','clerk','','2000','1');
insert into emp values ('03','jenny','sales','pretty','600','2');
insert into emp values ('04','pretty','sales','','800','2');
insert into emp values ('05','buddy','jishu','canndy','1000','3');
insert into emp values ('06','canndy','jishu','','1500','3');
select * from dept;
select * from emp;
```

（1）列出emp表中各部门的部门号、最高工资、最低工资。

```
select deptno as 部门号,max(sal) as 最高工资,
min(sal) as 最低工资
from emp group by deptno;
```

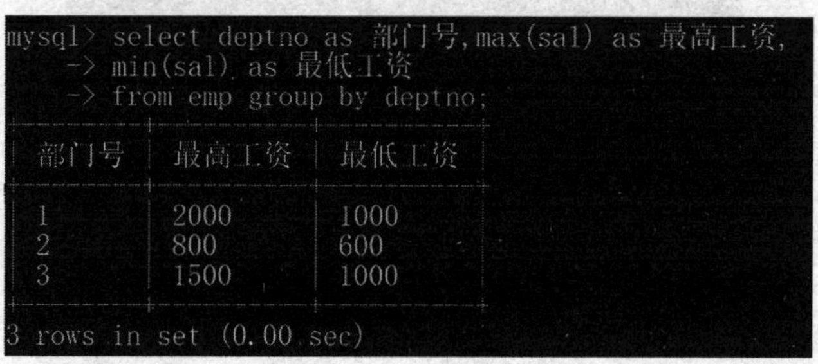

```
mysql> select deptno as 部门号,max(sal) as 最高工资,
    -> min(sal) as 最低工资
    -> from emp group by deptno;
+--------+----------+----------+
| 部门号 | 最高工资 | 最低工资 |
+--------+----------+----------+
| 1      | 2000     | 1000     |
| 2      | 800      | 600      |
| 3      | 1500     | 1000     |
+--------+----------+----------+
3 rows in set (0.00 sec)
```

（2）列出emp表中各部门job为clerk的员工的最高工资、最低工资和部门号。

```
select max(sal) as 最高工资,min(sal) as 最低工资,
deptno as 部门号 from emp where
job='clerk' group by deptno;
```

```
mysql> select max(sal) as 最高工资,min(sal) as 最低工资,
    -> deptno as 部门号 from emp where
    -> job='clerk' group by deptno;
+----------+----------+--------+
| 最高工资 | 最低工资 | 部门号 |
+----------+----------+--------+
| 2000     | 1000     | 1      |
+----------+----------+--------+
1 row in set (0.00 sec)
```

（3）对于emp表中最低工资小于2000的部门，列出job为clerk的员工的部门号、最高工资、最低工资。

```
select b.deptno as 部门号,max(sal) as 最高工资,
min(sal) as 最低工资 from emp as b
where job='clerk' and (select min(sal)from emp as a
where a.deptno=b.deptno)<2000
group by b.deptno;
```

```
mysql> select b.deptno as 部门号,max(sal) as 最高工资,
    -> min(sal) as 最低工资 from emp as b
    -> where job='clerk' and (select min(sal)from emp as a
    -> where a.deptno=b.deptno)<2000
    -> group by b.deptno;
+--------+----------+----------+
| 部门号 | 最高工资 | 最低工资 |
+--------+----------+----------+
| 1      | 2000     | 1000     |
+--------+----------+----------+
1 row in set (0.00 sec)
```

（4）根据部门号由高到低、工资由低到高列出每个员工的姓名、部门号、工资。

```
select ename as 姓名,deptno as 部门号,
sal as 工资 from emp
order by deptno desc,sal asc;
```

```
mysql> select ename as 姓名,deptno as 部门号,
    -> sal as 工资 from emp
    -> order by deptno desc,sal asc;
+--------+--------+------+
| 姓名   | 部门号 | 工资 |
+--------+--------+------+
| buddy  | 3      | 1000 |
| canndy | 3      | 1500 |
| jenny  | 2      | 600  |
| pretty | 2      | 800  |
| jacky  | 1      | 1000 |
| tom    | 1      | 2000 |
| biddy  | 1      | 2000 |
+--------+--------+------+
7 rows in set (0.00 sec)
```

（5）列出buddy所在部门中每个员工的姓名与部门号。

```
select b.ename as 姓名,b.deptno as 部门号 from emp as b
where b.deptno=
(select a.deptno from emp as a where a.ename='buddy');
```

```
mysql> select b.ename as 姓名,b.deptno as 部门号 from emp as b
    -> where b.deptno=
    -> (select a.deptno from emp as a where a.ename='buddy');
+--------+--------+
| 姓名   | 部门号 |
+--------+--------+
| buddy  | 3      |
| canndy | 3      |
+--------+--------+
2 rows in set (0.00 sec)
```

（6）列出每个员工的姓名、工作、部门号、部门名。

```
select ename as 姓名,job as 工作,dept.deptno as 部门号,
dept.dname as  部门名 from emp,dept
where emp.deptno=dept.deptno;
```

```
mysql> select ename as 姓名,job as 工作,dept.deptno as 部门号,
    -> dept.dname as  部门名 from emp,dept
    -> where emp.deptno=dept.deptno;
+--------+-------+--------+--------+
| 姓名   | 工作  | 部门号 | 部门名 |
+--------+-------+--------+--------+
| jacky  | clerk | 1      | 事业部 |
| tom    | clerk | 1      | 事业部 |
| biddy  | clerk | 1      | 事业部 |
| jenny  | sales | 2      | 销售部 |
| pretty | sales | 2      | 销售部 |
| buddy  | jishu | 3      | 技术部 |
| canndy | jishu | 3      | 技术部 |
+--------+-------+--------+--------+
7 rows in set (0.00 sec)
```

（7）列出emp表中工作为clerk的员工的姓名、工作、部门号、部门名。

```
select ename as 姓名,job as 工作,dept.deptno as 部门号,
dept.dname as  部门名 from emp,dept
where emp.deptno=dept.deptno and job='clerk';
```

```
mysql> select ename as 姓名,job as 工作,dept.deptno as 部门号,
    -> dept.dname as  部门名 from emp,dept
    -> where emp.deptno=dept.deptno and job='clerk';
+-------+-------+--------+--------+
| 姓名  | 工作  | 部门号 | 部门名 |
+-------+-------+--------+--------+
| jacky | clerk | 1      | 事业部 |
| tom   | clerk | 1      | 事业部 |
| biddy | clerk | 1      | 事业部 |
+-------+-------+--------+--------+
3 rows in set (0.00 sec)
```

（8）如果emp表中有管理者，列出管理者姓名（管理者外键为mgr）。

```
select a.deptno as 部门号,a.ename as 员工,
b.ename as 管理者
from emp as a,emp as b
where a.mgr is not null and a.mgr=b.ename;
```

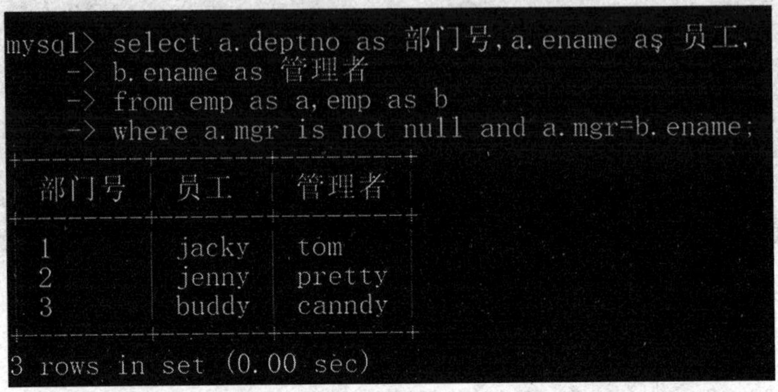

```
mysql> select a.deptno as 部门号,a.ename as 员工,
    -> b.ename as 管理者
    -> from emp as a,emp as b
    -> where a.mgr is not null and a.mgr=b.ename;
+--------+-------+--------+
| 部门号 | 员工  | 管理者 |
+--------+-------+--------+
| 1      | jacky | tom    |
| 2      | jenny | pretty |
| 3      | buddy | canndy |
+--------+-------+--------+
3 rows in set (0.00 sec)
```

（9）对于dept表，列出所有部门号、部门名，同时列出各部门工作为clerk的员工名与工作。

```
select a.deptno as 部门号,
a.dname as 部门名,b.ename as 员工名,
b.job as 工作 from dept as a,
emp as b where a.deptno=b.deptno
and b.job='clerk';
```

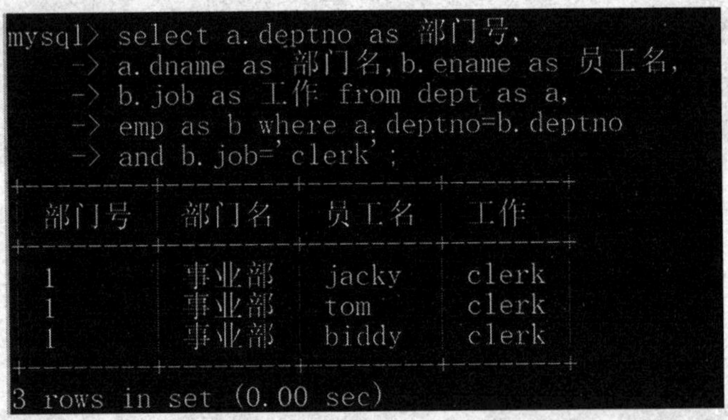

```
mysql> select a.deptno as 部门号,
    -> a.dname as 部门名,b.ename as 员工名,
    -> b.job as 工作 from dept as a,
    -> emp as b where a.deptno=b.deptno
    -> and b.job='clerk';
+--------+--------+--------+-------+
| 部门号 | 部门名 | 员工名 | 工作  |
+--------+--------+--------+-------+
| 1      | 事业部 | jacky  | clerk |
| 1      | 事业部 | tom    | clerk |
| 1      | 事业部 | biddy  | clerk |
+--------+--------+--------+-------+
3 rows in set (0.00 sec)
```

（10）对于工资高于本部门平均水平的员工，列出部门号、姓名、工资，按部门号排序。

```
select b.deptno as 部门号,b.ename as 姓名,
b.sal as 工资 from emp as b
where b.sal>(select avg(a.sal) from emp as a
where a.deptno=b.deptno) order by b.deptno;
```

```
mysql> select b.deptno as 部门号,b.ename as 姓名,
    -> b.sal as 工资 from emp as b
    -> where b.sal>(select avg(a.sal) from emp as a
    -> where a.deptno=b.deptno) order by b.deptno;
+--------+--------+------+
| 部门号 | 姓名   | 工资 |
+--------+--------+------+
| 1      | tom    | 2000 |
| 1      | biddy  | 2000 |
| 2      | pretty | 800  |
| 3      | canndy | 1500 |
+--------+--------+------+
4 rows in set (0.00 sec)
```

（11）对于emp表，列出各个部门中工资高于本部门平均工资的员工数和部门号，按部门号排序。

```
select a.deptno as 部门号,
count(a.sal) as 员工数 from emp as a
where a.sal>(select avg(b.sal)
from emp as b where a.deptno=b.deptno)
group by a.deptno order
by a.deptno;
```

```
mysql> select a.deptno as 部门号,
    -> count(a.sal) as 员工数 from emp as a
    -> where a.sal>(select avg(b.sal)
    -> from emp as b where a.deptno=b.deptno)
    -> group by a.deptno order
    -> by a.deptno;
+--------+--------+
| 部门号 | 员工数 |
+--------+--------+
| 1      |      2 |
| 2      |      1 |
| 3      |      1 |
+--------+--------+
3 rows in set (0.00 sec)
```

（12）对于emp表中工资高于本部门平均水平且人数多于1人的，列出员工数、部门号、平均工资，按部门号排序。

```
select count(a.empno) as 员工数,
a.deptno as 部门号,avg(sal) as 平均工资
from emp as a where (select count(c.empno)
from emp as c where c.deptno=a.deptno and
c.sal>(select avg(sal) from emp as b
where c.deptno=b.deptno))>1
group by a.deptno order by a.deptno;
```

```
mysql> select count(a.empno) as 员工数,
    -> a.deptno as 部门号,avg(sal) as 平均工资
    -> from emp as a where (select count(c.empno)
    -> from emp as c where c.deptno=a.deptno and
    -> c.sal>(select avg(sal) from emp as b
    -> where c.deptno=b.deptno))>1
    -> group by a.deptno order by a.deptno;
+--------+--------+-----------------+
| 员工数 | 部门号 | 平均工资        |
+--------+--------+-----------------+
|      3 | 1      | 1666.6666666667 |
+--------+--------+-----------------+
1 row in set (0.00 sec)
```

（13）对于emp表中低于自己工资至少5人的员工，列出其部门号、姓名、工资，以及工资少于自己的人数。

```
select a.deptno as 部门号,
a.ename as 姓名,a.sal as 工资,
(select count(b.ename) from emp as b
where b.sal<a.sal) as 人数 from emp as a
where (select count(b.ename)
from emp as b where b.sal<a.sal)>=5;
```

```
mysql> select a.deptno as 部门号,
    -> a.ename as 姓名,a.sal as 工资,
    -> (select count(b.ename) from emp as b
    -> where b.sal<a.sal) as 人数 from emp as a
    -> where (select count(b.ename)
    -> from emp as b where b.sal<a.sal)>=5;
+--------+--------+------+------+
| 部门号 | 姓名   | 工资 | 人数 |
+--------+--------+------+------+
| 2      | jenny  | 600  |    5 |
| 2      | pretty | 800  |    6 |
+--------+--------+------+------+
2 rows in set (0.00 sec)
```

或者

```
select a.deptno,a.ename,a.sal,
(select count(b.ename)from emp as b
where b.sal<a.sal)as num
from emp as a having num>=5;
```

```
mysql> select a.deptno,a.ename,a.sal,
    -> (select count(b.ename)from emp as b
    -> where b.sal<a.sal)as num
    -> from emp as a having num>=5;
+--------+--------+------+------+
| deptno | ename  | sal  | num  |
+--------+--------+------+------+
| 2      | jenny  | 600  |    5 |
| 2      | pretty | 800  |    6 |
+--------+--------+------+------+
2 rows in set (0.00 sec)
```

实验12　查询综合练习（3）

（1）使用标准SQL嵌套语句查询选修课程名称为“语文”的学员学号、单位和姓名。

```
select sid as 学号,sd AS 单位,sn AS 姓名 from s
where sid in(select sid from c,sc
where c.cid=sc.cid and c.cn='语文');
```

```
mysql> select sid as 学号,sd AS 单位,sn AS 姓名 from s
    -> where sid in(select sid from c,sc
    -> where c.cid=sc.cid and c.cn='语文');
+------+------------+--------+
| 学号 | 单位       | 姓名   |
+------+------------+--------+
| 001  | 计算机学院 | 汪洋   |
| 002  | 计算机学院 | 王世俊 |
| 004  | 化学学院   | 陈桂超 |
+------+------------+--------+
3 rows in set (0.00 sec)
```

（2）使用标准SQL嵌套语句查询选修课程编号为02的学员姓名和所属单位。

```
select sn as 姓名,sd as 单位
from s,sc
where s.sid=sc.sid and sc.cid='02';
```

```
mysql> select sn as 姓名,sd as 单位
    -> from s,sc
    -> where s.sid=sc.sid and sc.cid='02';
+--------+------------+
| 姓名   | 单位       |
+--------+------------+
| 汪洋   | 计算机学院 |
| 王世俊 | 计算机学院 |
| 陈桂超 | 化学学院   |
+--------+------------+
3 rows in set (0.00 sec)
```

（3）使用标准SQL嵌套语句查询不选修课程编号为02的学员姓名和所属单位。

```
select sn as 姓名,sd as 单位
from s
where sid not in(
select sid from sc
where sc.cid='02');
```

```
mysql> select sn as 姓名,sd as 单位
    -> from s
    -> where sid not in(
    -> select sid from sc
    -> where sc.cid='02');
+--------+----------+
| 姓名   | 单位     |
+--------+----------+
| 王鑫   | 软件学院 |
| 通讯生 | 软件学院 |
+--------+----------+
2 rows in set (0.00 sec)
```

（4）使用标准SQL嵌套语句查询选修全部课程的学员姓名和所属单位。

```
select sn,sd from s where sid
in(select sid from sc group by sid
having count(*)=(select count(*) from c));
```

```
mysql> select sn,sd from s where sid
    -> in(select sid from sc group by sid
    -> having count(*)=(select count(*) from c));
+------+------------+
| sn   | sd         |
+------+------------+
| 汪洋 | 计算机学院 |
+------+------------+
1 row in set (0.00 sec)
```

（5）查询选修了课程的学员人数。

```
select count(distinct sid) as 人数 from sc;
```

```
mysql> select count(distinct sid) as 人数 from sc ;
+------+
| 人数 |
+------+
|    4 |
+------+
1 row in set (0.00 sec)
```

（6）查询选修课程超过2门的学员学号、姓名、单位。

```
select sid as 学号,sn as 姓名,
sd as 单位 from s where sid in(
select sid from sc group by sid
having count(distinct cid)>2);
```

```
mysql> select sid as 学号,sn as 姓名,
    -> sd as 单位 from s where sid in(
    -> select sid from sc group by sid
    -> having count(distinct cid)>2);
+------+------+------------+
| 学号 | 姓名 | 单位       |
+------+------+------------+
| 001  | 汪洋 | 计算机学院 |
+------+------+------------+
1 row in set (0.00 sec)
```

实验13　查询综合练习（4）

（1）创建一个名称为mydb1的数据库。

```
create database mydb1;
```

```
mysql> create database mydb1;
Query OK, 1 row affected (0.00 sec)
```

(2) 查看所有数据库。

```
show databases;
```

```
mysql> show databases;
+--------------------+
| Database           |
+--------------------+
| information_schema |
| mydb1              |
| mysql              |
| st                 |
| test               |
| train              |
+--------------------+
6 rows in set (0.00 sec)
```

(3) 创建一个使用UTF-8字符集的mydb2数据库。

```
create database mydb2 character set utf8;
```

```
mysql> create database mydb2 character set utf8;
Query OK, 1 row affected (0.00 sec)
```

(4) 创建一个使用UTF-8字符集并带校对规则的mydb3数据库。

```
create database mydb3 character
set utf8 collate utf8_general_ci;
```

```
mysql> create database mydb3 character
    -> set utf8 collate utf8_general_ci;
Query OK, 1 row affected (0.00 sec)
```

(5) 显示库的创建信息。

```
show create database mydb3;
```

```
mysql> show create database mydb3;
+----------+-----------------------------------------------------------------+
| Database | Create Database                                                 |
+----------+-----------------------------------------------------------------+
| mydb3    | CREATE DATABASE `mydb3` /*!40100 DEFAULT CHARACTER SET utf8 */ |
+----------+-----------------------------------------------------------------+
1 row in set (0.00 sec)
```

(6) 删除前面创建的mydb1数据库。

```
drop database mydb1;
```

```
mysql> drop database mydb1;
Query OK, 0 rows affected (0.00 sec)
```

(7) 查看服务器中的数据库，并把其中某一个库的字符集修改为GB 2312。

```
alter database mydb2 character set gb2312;
```

```
mysql> alter database mydb2 character set gb2312;
Query OK, 1 row affected (0.00 sec)
```

```
show create database mydb2;
```

```
mysql> show create database mydb2;
+----------+------------------------------------------------------------------+
| Database | Create Database                                                  |
+----------+------------------------------------------------------------------+
| mydb2    | CREATE DATABASE `mydb2` /*!40100 DEFAULT CHARACTER SET gb2312 */ |
+----------+------------------------------------------------------------------+
1 row in set (0.00 sec)
```

（8）使用mydb1数据库。

```
use mydb1;
```

```
mysql> use mydb1;
Database changed
```

（9）查看库中所有表。

```
show tables;
```

```
mysql>  show tables;
+-----------------+
| Tables_in_mydb1 |
+-----------------+
| employee        |
+-----------------+
1 row in set (0.00 sec)
```

（10）查看表的创建细节。

```
show create table employee;
```

```
mysql> show create table employee;
+----------+-------------------------------------
| Table    | Create Table
+----------+-------------------------------------
| employee | CREATE TABLE `employee` (
  `id` int(11) default NULL,
  `name` varchar(20) default NULL,
  `gender` varchar(4) default NULL,
  `birthday` date default NULL,
  `entry_date` date default NULL,
  `job` varchar(40) default NULL,
  `salary` double default NULL,
  `resume` text
) ENGINE=MyISAM DEFAULT CHARSET=utf8 |
+----------+-------------------------------------
1 row in set (0.00 sec)
```

（11）查看表的结构。

```
desc employee;
```

```
mysql> desc employee;
+------------+-------------+------+-----+---------+-------+
| Field      | Type        | Null | Key | Default | Extra |
+------------+-------------+------+-----+---------+-------+
| id         | int(11)     | YES  |     | NULL    |       |
| name       | varchar(20) | YES  |     | NULL    |       |
| gender     | varchar(4)  | YES  |     | NULL    |       |
| birthday   | date        | YES  |     | NULL    |       |
| entry_date | date        | YES  |     | NULL    |       |
| job        | varchar(40) | YES  |     | NULL    |       |
| salary     | double      | YES  |     | NULL    |       |
| resume     | text        | YES  |     | NULL    |       |
+------------+-------------+------+-----+---------+-------+
8 rows in set (0.01 sec)
```

（12）创建一个员工表。

```
create table employee (
    id int,name varchar(20),
    gender varchar(4),birthday date,
    entry_date date,job varchar(40),
    salary double,resume text
);
```

```
mysql> create table employee (
    -> id int,name varchar(20),
    -> gender varchar(4),birthday date,
    -> entry_date date,job varchar(40),
    -> salary double,resume text
    -> );
Query OK, 0 rows affected (0.01 sec)
```

（13）在员工表中增加一个image列。

```
alter table employee add image blob;
```

```
mysql>  alter table employee add image blob;
Query OK, 0 rows affected (0.01 sec)
Records: 0  Duplicates: 0  Warnings: 0
```

（14）修改job列，使其长度为60。

```
alter table employee modify job varchar(60);
```

```
mysql> alter table employee modify job varchar(60);
Query OK, 0 rows affected (0.01 sec)
Records: 0  Duplicates: 0  Warnings: 0
```

（15）删除sex列。

```
alter table employee drop gender;
```

```
mysql> alter table employee drop gender;
Query OK, 0 rows affected (0.02 sec)
Records: 0  Duplicates: 0  Warnings: 0
```

（16）表名改为 user。

```
alter table employee rename user;
```

```
mysql> alter table employee rename user;
Query OK, 0 rows affected (0.00 sec)
```

（17）修改表的字符集为 UTF-8。

```
alter table user character set gb2312;
show create table user;
```

```
mysql> show create table user;
+-------+------------------------------------------------------------------
---------------------------------------------------------------------------
---------------------------------------------------------------------------
| Table | Create Table


+-------+------------------------------------------------------------------
---------------------------------------------------------------------------
---------------------------------------------------------------------------
| user  | CREATE TABLE `user` (
  `id` int(11) default NULL,
  `name` varchar(20) character set utf8 default NULL,
  `gender` varchar(4) character set utf8 default NULL,
  `birthday` date default NULL,
  `entry_date` date default NULL,
  `job` varchar(40) character set utf8 default NULL,
  `salary` double default NULL,
  `resume` text character set utf8
) ENGINE=MyISAM DEFAULT CHARSET=gb2312 |
+-------+------------------------------------------------------------------
---------------------------------------------------------------------------
---------------------------------------------------------------------------
1 row in set (0.00 sec)
```

（18）列名 name 修改为 username。

```
alter table user change column name username varchar(20);
```

```
mysql> alter table user change column name username varchar(20);
Query OK, 0 rows affected (0.01 sec)
Records: 0  Duplicates: 0  Warnings: 0
```

（19）将表名改回 employee。

```
alter table user rename employee;
```

```
mysql> alter table user rename employee;
Query OK, 0 rows affected (0.00 sec)
```

（20）添加一名员工的信息：

```
(1,'aaa','1980-09-09','1980-09-09','bbb',1000,'bbbbbbbb')
insert into employee
```

```
(id,username,birthday,entry_date,job,salary,resume)
Values
(1,'aaa','1980-09-09','1980-09-09','bbb',1000,'bbbbbbbb');
```

```
mysql> insert into employee
    -> (id,username,birthday,entry_date,job,salary,resume)
    -> Values
    -> (1,'aaa','1980-09-09','1980-09-09','bbb',1000,'bbbbbbbb');
Query OK, 1 row affected (0.00 sec)
```

(21) 查看插入的数据。

```
select * from employee;
```

```
mysql> select * from employee;
+----+----------+------------+------------+-----+--------+----------+-------+
| id | username | birthday   | entry_date | job | salary | resume   | image |
+----+----------+------------+------------+-----+--------+----------+-------+
|  1 | aaa      | 1980-09-09 | 1980-09-09 | bbb |   1000 | bbbbbbbb | NULL  |
|  1 | aaa      | 1980-09-09 | 1980-09-09 | bbb |   1000 | bbbbbbbb | NULL  |
+----+----------+------------+------------+-----+--------+----------+-------+
2 rows in set (0.00 sec)
```

(22) 使用insert语句向表中插入一个员工的信息。

```
insert into employee
(id,username,birthday,entry_date,job,salary,resume)
Values
(2,'小李子','1980-09-09','1980-09-09','bbb',1000,'bbbbbbbb');
```

```
mysql> insert into employee
    -> (id,username,birthday,entry_date,job,salary,resume)
    -> Values
    -> (2,'小李子','1980-09-09','1980-09-09','bbb',1000,'bbbbbbbb');
Query OK, 1 row affected (0.00 sec)
```

(23) 插入失败后的解决方案。

```
show variables like 'chara%';
set character_set_client=gb2312;
```

```
mysql> show variables like 'chara%'; set character_set_client=gb2312;
+--------------------------+----------------------------------+
| Variable_name            | Value                            |
+--------------------------+----------------------------------+
| character_set_client     | gb2312                           |
| character_set_connection | gb2312                           |
| character_set_database   | utf8                             |
| character_set_filesystem | binary                           |
| character_set_results    | gb2312                           |
| character_set_server     | utf8                             |
| character_set_system     | utf8                             |
| character_sets_dir       | C:\AppServ\MySQL\share\charsets\ |
+--------------------------+----------------------------------+
8 rows in set (0.00 sec)

Query OK, 0 rows affected (0.00 sec)
```

(24) 显示失败后的解决方案。

```
set character_set_results=gb2312;
```

```
mysql> set character_set_results=gb2312;
Query OK, 0 rows affected (0.00 sec)
```

（25）将所有员工工资修改为5000元。

```
update employee set salary=5000;
```

```
mysql>  update employee set salary=5000;
Query OK, 3 rows affected (0.00 sec)
Rows matched: 3  Changed: 3  Warnings: 0
```

（26）将姓名为aaa的员工工资修改为3000元。

```
update employee set salary=3000
where username='aaa';
```

```
mysql> update employee set salary=3000
    -> where username='aaa';
Query OK, 1 row affected (0.00 sec)
Rows matched: 1  Changed: 1  Warnings: 0
```

（27）将姓名为aaa的员工工资修改为4000元，job改为ccc。

```
update employee set salary=4000,job='ccc'
where username='aaa';
```

```
mysql> update employee set salary=4000,job='ccc'
    -> where username='aaa';
Query OK, 1 row affected (0.00 sec)
Rows matched: 1  Changed: 1  Warnings: 0
```

（28）将员工aaa的工资在原有基础上增加1000元。

```
update employee set salary=salary+1000
where username='aaa';
```

```
mysql> update employee set salary=salary+1000
    -> where username='aaa';
Query OK, 1 row affected (0.00 sec)
Rows matched: 1  Changed: 1  Warnings: 0
```

（29）删除表中名称为zs的记录。

```
delete from employee where username='小李子';
```

```
mysql> delete from employee where username='小李子';
Query OK, 1 row affected (0.00 sec)
```

（30）删除表中所有记录。

```
delete from employee;
```

```
mysql> delete from employee;
Query OK, 2 rows affected (0.00 sec)
```

（31）使用truncate删除表中记录。

```
truncate table employee;
```

```
mysql>  truncate table employee;
Query OK, 0 rows affected (0.00 sec)
```

实验14　函数

利用MySQL的函数进行如下运算。

（1）计算3的3次方。

```
select pow(3,3);
```

```
mysql> select pow(3,3);
+----------+
| pow(3,3) |
+----------+
|       27 |
+----------+
1 row in set (0.00 sec)
```

（2）计算16的平方根。

```
select sqrt(16);
```

```
mysql> select sqrt(16);
+----------+
| sqrt(16) |
+----------+
|        4 |
+----------+
1 row in set (0.00 sec)
```

（3）返回不大于-3.5的最大整数。

```
select floor(-3.5);
```

```
mysql> select floor(-3.5);
+-------------+
| floor(-3.5) |
+-------------+
|          -4 |
+-------------+
1 row in set (0.00 sec)
```

（4）计算PI（圆周率）对应的角度。

```
select degrees(PI());
```

```
mysql> select degrees(PI());
+---------------+
| degrees(PI()) |
+---------------+
|           180 |
+---------------+
1 row in set (0.00 sec)
```

（5）将字符串'BEIJING'变成小写。

```
select lcase('beijing');
```

```
mysql> select lcase('BEIJING');
+------------------+
| lcase('BEIJING') |
+------------------+
| beijing          |
+------------------+
1 row in set (0.00 sec)
```

（6）截取字符串'sichuanchengdu'的后7位字符。

```
select right('sichuanchengdu',7);
```

```
mysql> select right('sichuanchengdu',7);
+---------------------------+
| right('sichuanchengdu',7) |
+---------------------------+
| chengdu                   |
+---------------------------+
1 row in set (0.00 sec)
```

（7）截取字符串'sichuanchengdu'的前7位字符。

```
select left('sichuanchengdu',7);
```

```
mysql> select left('sichuanchengdu',7);
+--------------------------+
| left('sichuanchengdu',7) |
+--------------------------+
| sichuan                  |
+--------------------------+
1 row in set (0.00 sec)
```

（8）从字符串'chengdu is a beautiful city'的第8个字符位置开始，截取一个长度为8的子串。

```
select substr('chengdu is a beautiful city',8,8);
```

```
mysql> select substr('chengdu is a beautiful city',8,8);
+-------------------------------------------+
| substr('chengdu is a beautiful city',8,8) |
+-------------------------------------------+
|  is a be                                  |
+-------------------------------------------+
1 row in set (0.00 sec)
```

（9）将字符串'mybook'逆序输出。

```
select reverse('mybook');
```

```
mysql> select reverse('mybook');
+-------------------+
| reverse('mybook') |
+-------------------+
| koobym            |
+-------------------+
1 row in set (0.00 sec)
```

(10) 计算当前日期的月份。

```
select monthname(now());
```

```
mysql> select monthname(now());
+-------------------+
| monthname(now())  |
+-------------------+
| September         |
+-------------------+
1 row in set (0.00 sec)
```

(11) 计算当前日期是本年的第几天。

```
select dayofyear(now());
```

```
mysql> select dayofyear(now());
+------------------+
| dayofyear(now()) |
+------------------+
|              266 |
+------------------+
1 row in set (0.00 sec)
```

(12) 通过函数获取当前日期的月份。

```
select month(now());
```

```
mysql> select month(now());
+--------------+
| month(now()) |
+--------------+
|            9 |
+--------------+
1 row in set (0.00 sec)
```

(13) 计算今天到春节间隔的天数。

```
select datediff(now(),'2021-02-03');
```

```
mysql> select datediff(now(),'2021-02-03');
+------------------------------+
| datediff(now(),'2021-02-03') |
+------------------------------+
|                         -134 |
+------------------------------+
1 row in set (0.00 sec)
```

(14) 计算学生的年龄并显示出来。

```
select timestampdiff(year,'1999-02-16',now());
```

```
mysql> select timestampdiff(year,'1999-02-16',now());
+----------------------------------------+
| timestampdiff(year,'1999-02-16',now()) |
+----------------------------------------+
|                                     21 |
+----------------------------------------+
1 row in set (0.00 sec)
```

实验15　运算符

（1）在MySQL中执行如下算术表达式。

① 4*2-3

```
select 4*2-3;
```

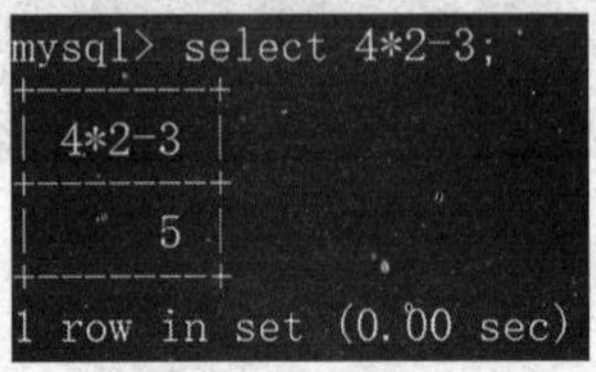

② (3+6)/3

```
select (3+6)/3;
```

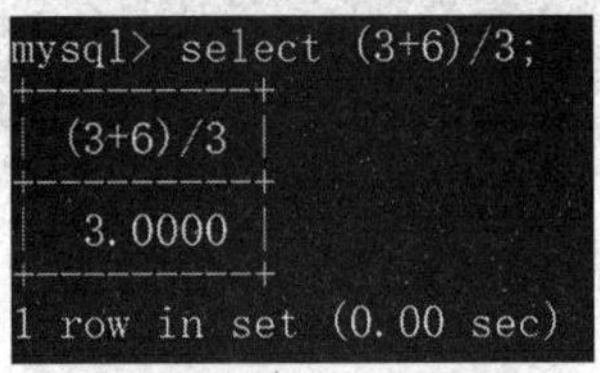

③ (3+6)/2

```
select (3+6)/2;
```

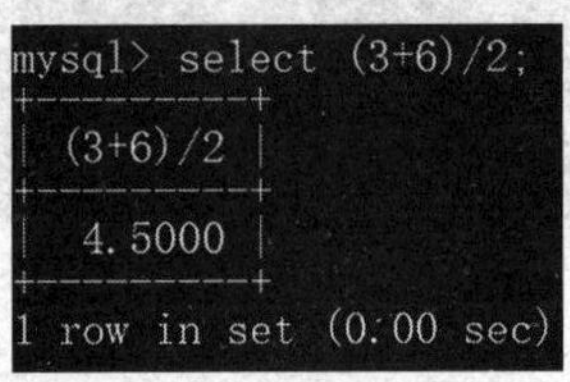

④ 9 div 2

```
select 9 div 2;
```

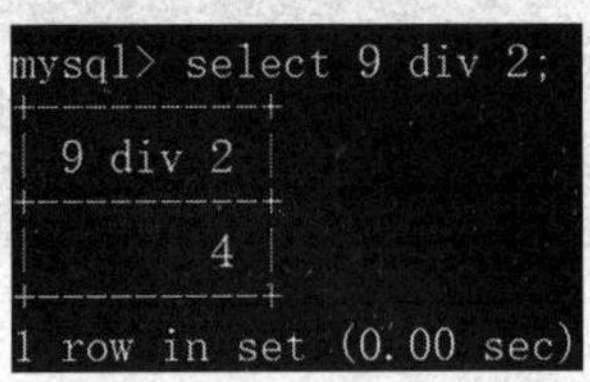

⑤ MOD(9,2)

```
select MOD(9,2);
```

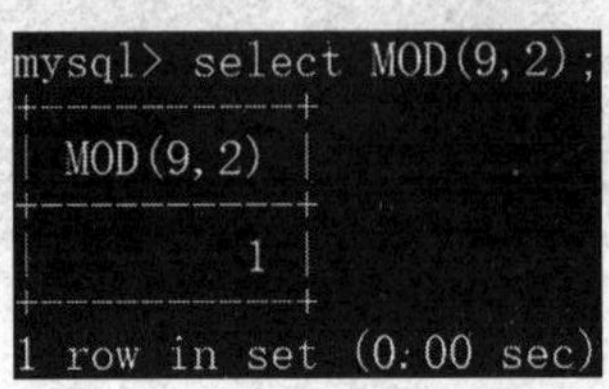

（2）在MySQL中执行下面的比较运算符表达式。

① 5>6

```
select 5>6;
```

```
mysql> select 5>6;
+-----+
| 5>6 |
+-----+
|   0 |
+-----+
1 row in set (0.00 sec)
```

② 25>=31

```
select 25>=31;
```

```
mysql> select 25>=31;
+--------+
| 25>=31 |
+--------+
|      0 |
+--------+
1 row in set (0.00 sec)
```

③ 20<=30

```
select 20<=30;
```

```
mysql> select 20<=30;
+--------+
| 20<=30 |
+--------+
|      1 |
+--------+
1 row in set (0.00 sec)
```

④ 5<=>5

```
select 5<=>5;
```

```
mysql> select 5<=>5;
+-------+
| 5<=>5 |
+-------+
|     1 |
+-------+
1 row in set (0.00 sec)
```

（3）在MySQL中执行下面的逻辑运算符表达式。

① -2&&3

```
select -2&&3;
```

```
mysql> select -2&&3;
+-------+
| -2&&3 |
+-------+
|     1 |
+-------+
1 row in set (0.00 sec)
```

② -3||null

```
select -3||null;
```

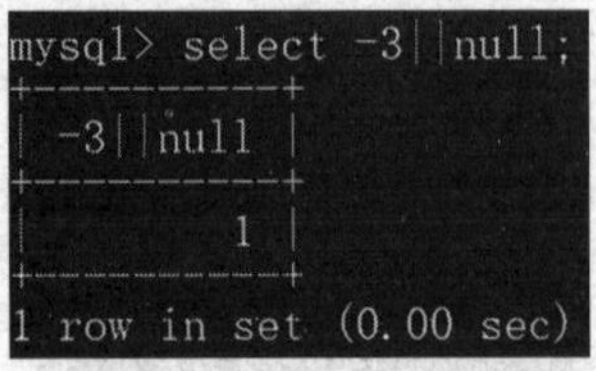

③ 1 XOR 0

```
select 1 XOR 0;
```

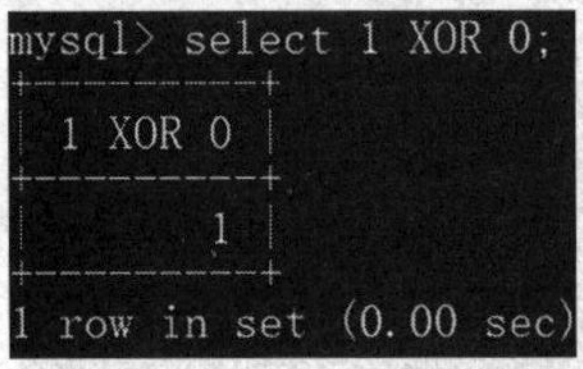

④ !1

```
select !1;
```

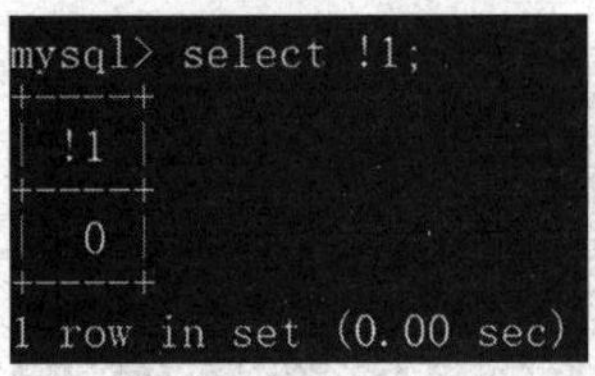

（4）在MySQL中执行下面的位运算。

① 5&7

```
select 5&7;
```

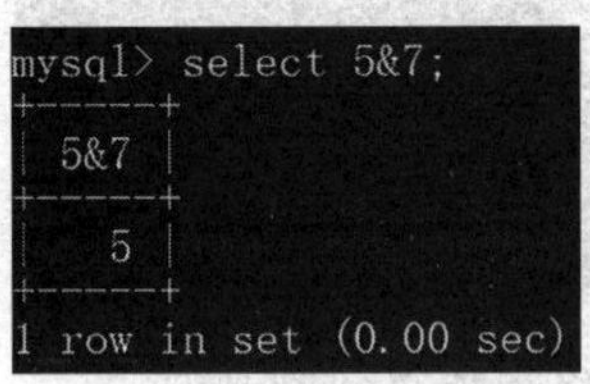

② 11|15

```
select 11|15;
```

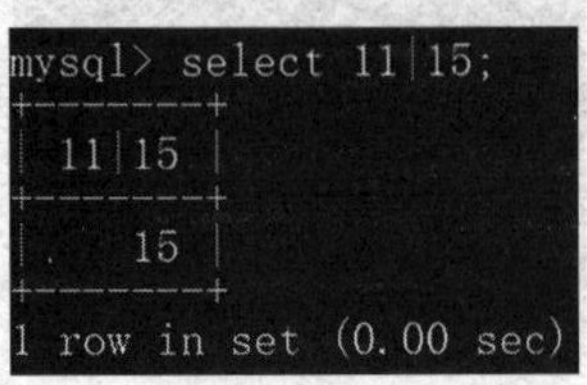

③ 12^13

```
select 12^13;
```

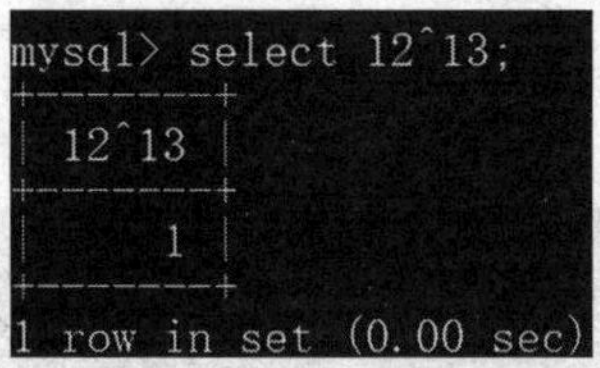

④ ~12

```
select ~12;
```

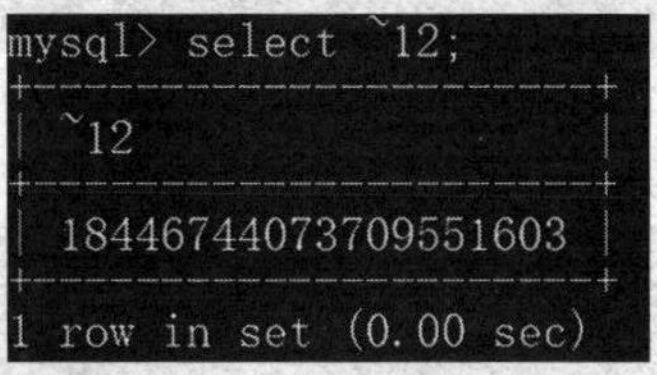

实验16　存储过程和触发器

（1）编写存储过程stu_gra，查询计科系学生的信息。

```
delimiter &&
create  procedure  stu_gra()
begin
select *  from student,dept
where student.st_dpid = dept.dp_id
and dept.dp_nm="计科系";
end &&
delimiter ;
```

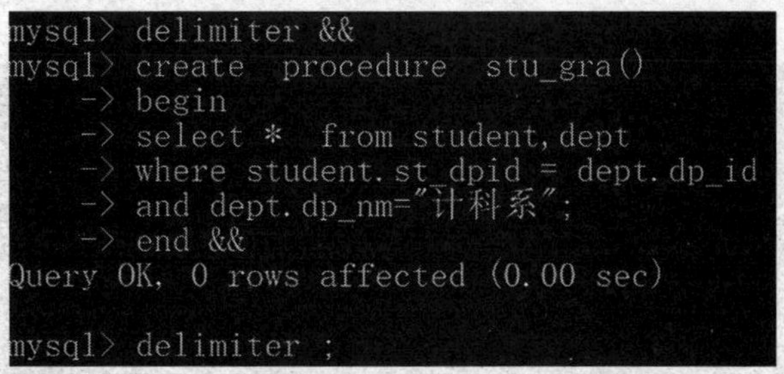

（2）编写存储过程stu_dep，根据给定的系别号，查询该系学生的姓名、成绩。

```
delimiter &&
create procedure stu_dep(in dep varcha(10))
```

```
begin
select st_nm,score from student,slt_course
where student.st_id=slt_course.st_id and student.st_dpid=dep;
end &&
delimiter;
```

```
mysql> delimiter &&
mysql> create procedure stu_dep(in dep varchar(10))
    -> begin
    -> select st_nm,score from student,slt_course
    -> where student.st_id=slt_course.st_id and student.st_dpid=dep;
    -> end &&
Query OK, 0 rows affected (0.01 sec)

mysql> delimiter ;
```

```
call stu_dep(11);
```

```
mysql> call stu_dep(11 );
+--------+-------+
| st_nm  | score |
+--------+-------+
| 张晓明 |    86 |
| 张晓明 |    75 |
+--------+-------+
2 rows in set (0.00 sec)

Query OK, 0 rows affected (0.01 sec)
```

（3）编写存储过程cou_stu，根据给定的学号，查询该学生所选课程的学分。

```
delimiter &&
create  procedure  cou_stu(in  sid  varchar(10))
begin
select  cs_sc  from course,slt_course
where slt_course.st_id=sid  and course.cs_id=slt_course.cs_id;
end &&
delimiter;
```

```
mysql> delimiter &&
mysql> create  procedure  cou_stu(in  sid  varchar(10))
    -> begin
    -> select  cs_sc  from course,slt_course
    -> where slt_course.st_id=sid  and course.cs_id=slt_course.cs_id;
    -> end &&
Query OK, 0 rows affected (0.00 sec)

mysql> delimiter ;
```

（4）创建触发器del_inf，当有学生退学时，删除student表中该学生的信息，触动触发器，同时删除该学生对应的选课和成绩信息。

```
delimiter &&
```

```
create trigger del_inf  after delete
      on  student  for  each row
      begin
           delete from slt_course  where st_id=old.st_id;
      end &&
delimiter;
```

```
mysql> delimiter &&
mysql> create trigger del_inf after delete
    -> on student for each row
    -> begin
    ->      delete from slt_course where st_id=old.st_id;
    -> end &&
Query OK, 0 rows affected (0.02 sec)

mysql> delimiter ;
```

（5）删除触发器del_inf。

```
drop trigger del_inf;
```

```
mysql> drop  trigger  del_inf;
Query OK, 0 rows affected (0.00 sec)
```

（6）删除存储过程stu_gra。

```
drop  procedure  stu_gra;
```

```
mysql> drop  procedure  stu_gra;
Query OK, 0 rows affected (0.02 sec)
```

实验17　索引

（1）表中建立了索引后，导入大量数据为什么会很慢?

对已经建立了索引的表中插入数据时，插入一条数据就要对该记录按索引排序，因此导入大量数据的时候速度会很慢。解决这个问题的办法是在没有任何索引的情况插入数据，然后建立索引。

（2）MySQL中索引、主键和唯一性的区别是什么?

索引建立在一个或者几个字段上。建立了索引后，表中的数据就按照索引的一定规则排序，这样可以提高查询速度。

主键是表中数据的唯一标识，不同记录的主键值不同。在建立主键时，系统会自动建立一个唯一性索引。

唯一性也是建立在表中一个或者几个字段上，其目的是为了对应不同的记录，具有唯一性的字段的值是不同的。

(3）创建winf表。

创建表的同时在id字段上创建名为index_id的唯一性索引，而且以降序的格式排列。

```
create table winf(
    id int(10) primary key auto_increment,
    name varchar(20) not null,
    type varchar(10),
    address varchar(50),
    wages int,
    contents tinytext,
    extra text,
    unique index index_id(id desc)
);
```

```
mysql> create table winf(
    -> id int(10) primary key auto_increment,
    -> name varchar(20) not null,
    -> type varchar(10),
    -> address varchar(50),
    -> wages int,
    -> contents tinytext,
    -> extra text,
    -> unique index index_id(id desc)
    -> );
Query OK, 0 rows affected (0.01 sec)
```

① 为name字段创建索引index_name。

```
create index index_name on winf(name);
```

```
mysql> create index index_name on winf(name);
Query OK, 0 rows affected (0.01 sec)
Records: 0  Duplicates: 0  Warnings: 0
```

② 使用alter table语句在type和address上创建名为index_ta的索引。

```
alter table winf add index index_ta(type,address);
```

```
mysql> alter table winf add index index_ta(type,address);
Query OK, 0 rows affected (0.01 sec)
Records: 0  Duplicates: 0  Warnings: 0
```

③ 使用alter table语句在extra字段上创建名为index_ext的全文索引。

```
alter table winf add fulltext index index_ext(extra);
```

```
mysql> alter table winf add fulltext index index_ext(extra);
Query OK, 0 rows affected (0.02 sec)
Records: 0  Duplicates: 0  Warnings: 0
```

④ 删除winf表的唯一性索引index_id。

```
drop index index_id on winf;
```

```
mysql> drop index index_id on winf;
Query OK, 0 rows affected (0.01 sec)
Records: 0  Duplicates: 0  Warnings: 0
```

实验18 视图

创建animal表。

```
create table animal(
    id int(4) primary key auto_increment,
    name varchar(20) not null,
    kinds varchar(8) not null,
    legs int(4),
behavior varchar(50));
```

```
mysql> create table animal(
    -> id int(4) primary key auto_increment,
    -> name varchar(20) not null,
    -> kinds varchar(8) not null,
    -> legs int(4),
    -> behavior varchar(50));
Query OK, 0 rows affected (0.01 sec)
```

按照要求完成下列操作。

（1）在animal表的基础上创建视图ani_view，该视图包含字段id、name和legs。

```
create view ani_view (id,name,legs)
as select id,name,legs from animal;
```

```
mysql> create view ani_view (id,name,legs)
    -> as select id,name,legs from animal;
Query OK, 0 rows affected (0.01 sec)
```

（2）向ani_view视图中插入几条记录，并查看giant视图。

```
insert into ani_view values(1001,"青蛙",4);
insert into ani_view values(1002,"螃蟹",8);
```

```
mysql> insert into ani_view values(1001,"青蛙",4);
Query OK, 1 row affected (0.00 sec)

mysql> insert into ani_view values(1002,"螃蟹",8);
Query OK, 1 row affected (0.00 sec)
```

```
select * from ani_view;
```

```
mysql> Select * from ani_view;
+------+------+------+
| id   | name | legs |
+------+------+------+
| 1001 | 青蛙 |    4 |
| 1002 | 螃蟹 |    8 |
+------+------+------+
2 rows in set (0.00 sec)
```

（3）查询该视图中动物的名称。

```
select name from ani_view;
```

```
mysql> select name from ani_view;
+------+
| name |
+------+
| 青蛙 |
| 螃蟹 |
+------+
2 rows in set (0.00 sec)
```

（4）查询该视图中腿有4条的动物有哪些。

```
select name form ani_view where legs=4;
```

```
mysql> select name from ani_view where legs=4;
+------+
| name |
+------+
| 青蛙 |
+------+
1 row in set (0.00 sec)
```

（5）删除某一种动物的信息，并查看视图。

```
delete from ani_view where id=1001;
select * from ani_view;
```

```
mysql> delete from ani_view where id=1001;
Query OK, 1 row affected (0.00 sec)

mysql> select * from ani_view;
+------+------+------+
| id   | name | legs |
+------+------+------+
| 1002 | 螃蟹 |    8 |
+------+------+------+
1 row in set (0.00 sec)
```

（6）删除ani_view视图。

```
drop view ani_view;
```

```
mysql> drop view ani_view;
Query OK, 0 rows affected (0.00 sec)
```

实验20　绘制E-R图

E-R图如下图所示。

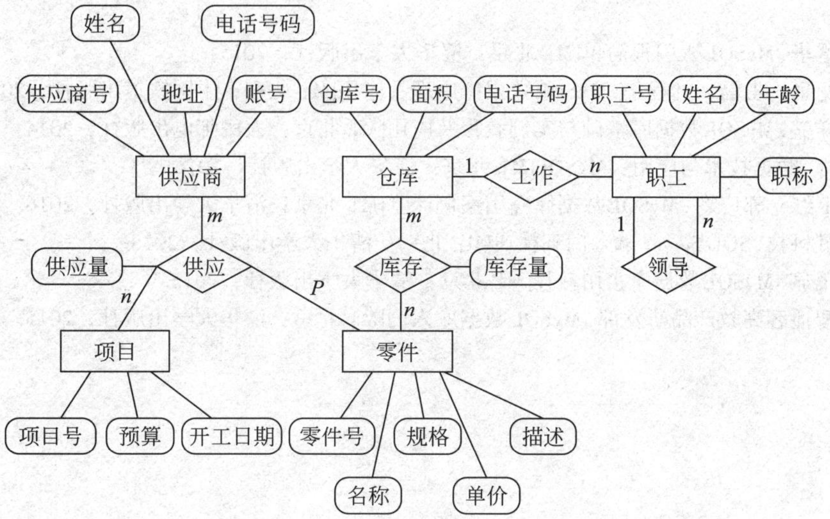

参 考 文 献

[1] 黄缙华. MySQL入门很简单[M]. 北京：清华大学出版社，2015.

[2] 黄龙泉，王磊，林程华. MySQL数据库原理及应用[M]. 北京：中国铁道出版社，2017.

[3] 孔祥盛. MySQL数据库基础与实例教程及应用[M]. 北京：人民邮电出版社，2014.

[4] 李辉. 数据技术与应用：MySQL[M]. 北京：清华大学出版社，2016.

[5] 刘玉红，郭广新. MySQL数据库应用案例课堂[M]. 北京：清华大学出版社，2016.

[6] 明日科技. SQL Server从入门到精通[M]. 北京：清华大学出版社，2018.

[7] 孙飞显. MySQL数据库实用教程[M]. 北京：清华大学出版社，2015.

[8] 传智播客高教产品研发部. MySQL数据库入门[M]. 北京：清华大学出版社，2015.